吉林省农业科学院作物资源研究所品种志

JILIN SHENG NONGYE KEXUEYUAN

ZUOWU ZIYUAN YANJIUSUO PINZHONGZHI

(2001—2015)

曲祥春 主编

中国农业出版社

北　京

主　　编　曲祥春

副 主 编　李晓辉

参编人员（按姓氏笔画排序）

马一铭　王　鼐　王江红　王明海

石贵山　包淑英　闫鸿雁　李继洪

李淑芳　李淑杰　张伟龙　张春宵

陈冰嫣　周紫阳　徐　宁　高　鸣

高　悦　高士杰　窦忠玉

序

品种是农业生产的最基本生产资料，在产业发展和国家粮食安全中起到了决定性作用。育成品种代表当代育种水平，也蕴藏新的基因变异和基因组合，不仅是作物种质资源的重要组成部分，也是育种水平进一步提升的载体。系统整理育成品种，对作物种质资源学、遗传育种学和产业发展具有重要的现实意义。

吉林省农业科学院作物资源研究所前身是原东北农业科学院农产系。1959年，农产系成立，后经调整成立作物育种研究所。2012年7月，作物育种研究所更名为作物资源研究所。作物资源研究所几经调整，目前主要从事高粱、谷子、食用豆、麦类等特色粮豆作物的新品种选育、推广及玉米、大豆等吉林省主要农作物的种质资源研究。多年来，作物资源研究所先后培育出吉杂90、吉杂124、吉杂127、吉杂210等50余个高产、优质、多抗高粱新品种，以及吉绿7号、吉红10号、公矮2号、丰强11等系列优质绿豆、小豆、谷子、小麦新品种。品种种植区域遍及东北三省及内蒙古自治区东部地区，其中，高粱品种种植面积已占吉林省高粱种植区的90%以上。

众多专家共同努力，总结梳理，终于完成了《吉林省农业科学院作物资源研究所品种志（2001—2015）》的编撰工作。本书共收录了吉林省农业科学院作物资源研究所2001—2015年经国家或省级农作物品种审定委员会审定（鉴定、认定）的高粱、谷子、食用豆和麦类品种87个。介绍了每个品种的品种来源、特征特性、产量表现、栽培要点、适宜地区、选育人员等重要信息，可对未来的相关育种工作提供第一手资料。

该书信息完整，数据翔实，对研究吉林省及东北地区杂粮作物的种质资源和遗传育种有着重要的参考价值。相信本书的出版能够为吉林省作物的产业发展作出应有的贡献。

吉林省农业科学院副院长

2019年10月

前言

吉林省农业科学院作物资源研究所（以下简称“作物所”）主要从事高粱、谷子、食用豆、麦类等特色粮豆作物的新品种选育、推广及玉米、大豆等作物的种质资源研究。多年来，作物所高粱育种研究始终走在全国前列，选育的“吉杂”系列新品种在我国高粱早熟区占主导地位。作物所谷子育种研究始于1949年，为我国东北春谷区谷子产业发展奠定了雄厚的科研基础。作物所在国内较早开展食用豆研究，育成了产量高、抗性强的公绿1号、公绿2号、吉绿3号、吉绿7号等绿豆新品种，耐旱、耐盐碱、高产、大粒的吉红9号、吉红10号等红小豆新品种。作物所还选育出春小麦品种几十个，在东北春谷区累计推广面积达500余万 hm^2。

近年来，随着种植业结构调整，吉林省杂粮杂豆种植面积逐年增加，品种也不断更新换代。然而，就种植者而言，仍对现有的优良品种认识不足，对一些新品种不够了解。为使种业企业、农民和科研单位对作物所选育的品种有更全面的了解和认识，我们编写了《吉林省农业科学院作物资源研究所品种志（2001—2015）》。本书共收录作物所2001—2015年经国家或省级农作物品种审定委员会审定（鉴定、认定）的高粱、谷子、食用豆和麦类品种87个，介绍了每个品种的品种来源、特征特性、产量表现、栽培要点、适宜地区、选育人员等重要信息。

本书是作物所全体科研人员协作的结果，凝聚了作物所从事种质资源和育种研究的几代科研人员的心血。本书自2017年开始组织初稿，到2019年10月定稿，其间得到了很多专家的广泛支持，在此表示感谢！本书的出版得到了吉林省农业科技创新工程基础性工作项目的支持。在本书出版之际，谨向所有参加本书编写、整理、审校的专家表达谢意。希望本书的出版，不仅为农民提供生产上需要的优良品种和配套丰产栽培技术，还能对作物所选育的新品种加以保护。

由于时间仓促、水平有限，书中疏漏之处在所难免，恳请读者批评指正。

曲祥春

2019年10月

编写说明

一、编入本书的品种为吉林省农业科学院作物资源研究所2001—2015年经国家或省级农作物品种审定委员会审定（鉴定、认定）的品种，未审定（鉴定、认定）的品种未收录。本书共收录品种87个，其中，高粱品种41个，谷子品种16个，食用豆品种17个，麦类品种13个。

二、编入本书的不同作物按照高粱、谷子、食用豆（包含绿豆和红小豆）和麦类（包含小麦、大麦和燕麦）的顺序排列。

三、品种描述按品种来源、特征特性、产量表现、栽培要点、适宜地区、选育人员6个方面分别叙述，上述信息均由编者提供。

四、品种名称有数字编号的，用阿拉伯数字表示。10号以内的品种名称在数字后加“号”字，如公矮2号、吉绿3号等；数字在11及以上的则不加“号”字，如公谷76、吉绿12等。

五、品种的抗逆性、抗病性、适口性等，多数没有进行系统鉴定。品种的产量表现不仅记录了品种的区域试验、生产试验和生产示范中的产量水平，而且部分品种记录了本单位试验地的产量水平。

目录

高粱品种

谷子品种

食用豆品种

麦类品种

高粱品种

吉林省农业科学院作物资源研究所品种志

吉杂 90（Jiza No. 90）

【品种来源】以自选不育系吉 4190A 为母本，以自选恢复系吉 R9060 为父本，于 1996 年组配而成。2001 年，经吉林省农作物品种审定委员会审定推广，审定编号为吉审粱 2001002。

【特征特性】幼苗绿色，株高 1.35 cm，穗纺锤形、中紧穗，穗长 29.2 cm，穗粒重 71.8 g，着壳率 11.2%，千粒重 26.4 g，角质率 46.3%，容重 732 g/L，生育期 114 d 左右，需≥10 ℃活动积温 2 400 ℃。籽粒含粗蛋白 11.69%、脂肪 2.41%、淀粉 69.78%。抗倒伏、叶斑病、蚜虫、丝黑穗病。

【产量表现】1999—2000 年，参加吉林省区域试验，两年区试 9 个试验点次全部增产，平均产量为 6 804.3 kg/hm^2，比对照增产 7.37%。2000 年，参加吉林省生产试验，4 个点次均增产，平均产量 6 342.9 kg/hm^2，比对照增产 6.59%。

【栽培要点】4 月末至 5 月初播种，公顷播量 20 kg，公顷保苗 15 万～16 万株。

【适宜地区】吉林省松原、白城及长春的榆树等地区，也适于黑龙江省第一积温带和内蒙古自治区东部区域。

【选育人员】王方、王桂珍、李淑杰、李伟、刘晓辉、李继洪、李玉普、李杰、胡喜连、邓文生、苏颖。

吉杂 95（Jiza No. 95）

【品种来源】以哲 15A－8－5A 为母本，以 103 恢复系为父本，于 1998 年组配而成。2003 年，经吉林省农作物品种审定委员会审定推广，审定编号为吉审粱 2003002。

【特征特性】籽粒椭圆形，鲜红粒，千粒重 30.76 g。幼苗叶片绿色，叶鞘浅红色，叶色浓绿，株高 160 cm，根系发达。穗长 28.0 cm，中紧穗，棒状，穗粒重 95.6 g。出苗至成熟 116 d，需≥10 ℃活动积温 2 450 ℃。籽粒含粗蛋白 10.55%、脂肪 3.76%、淀粉 67.30%、单宁 0.32%。抗倒伏、蚜虫、叶斑病、丝黑穗病。

【栽培要点】5 月初播种为宜，公顷播量 20 kg。公顷保苗 12 万～14 万株。施足底肥，播种时施种肥磷酸二铵 200 kg/hm^2，拔节初期追施硝酸铵 300 kg/hm^2。在一般肥力条件下，公顷产量 7 870.3 kg；在栽培条件较好的情况下，公顷产量 9 076.9 kg。

【适宜地区】吉林省西部地区及敖杂 1 号的栽培区。

【选育人员】高士杰、刘晓辉、刘翔、李伟、胡喜连、李淑杰、李继洪、李玉普、李杰、邓文生、高忠、王树发。

吉杂 96（Jiza No. 96）

【品种来源】以 5222A 为母本，以 133－6－8 恢复系为父本，于 1999 年组配而成。2003 年，经吉林省农作物品种审定委员会审定推广，审定编号为吉审粱 2003003。

【特征特性】籽粒椭圆形，红黄粒，千粒重 30.28 g。幼苗绿色，叶色浓绿，株高 190 cm，根系发达。穗长 26.4 cm，中紧穗，圆筒状，穗粒重95.2 g，红壳。出苗至成熟 125 d，需≥10 ℃活动积温 2 650 ℃。籽粒含粗蛋白 9.03%、脂肪 3.52%、淀粉 69.69%、单宁 0.15%。抗倒伏、蚜虫、叶斑病，高抗丝黑穗病。

【产量表现】2002—2003 年，参加吉林省区域试验，平均产量 8 759.6 kg/hm^2，比对照平均增产 12.7%；2003 年，参加吉林省生产试验，平均产量 9 340.5 kg/hm^2，比对照增产 13.4%。

【栽培要点】5 月初播种为宜，公顷播量 20 kg，公顷保苗 10 万株。施足底肥，播种时施种肥磷酸二铵 200 kg/hm^2；拔节初期追施硝酸铵 300 kg/hm^2。在一般肥力条件下，公顷产量 9 440.0 kg；在栽培条件较好的情况下，公顷产量 10 407.0 kg。

【适宜地区】吉林省中部地区及松原的乾安以南地区和吉杂 80、四杂 25 的栽培区。

【选育人员】刘晓辉、高士杰、刘翔、胡喜连、李伟、李淑杰、李继洪、李玉普、李杰、邓文生、王树发、高忠。

吉杂 97（Jiza No. 97）

【品种来源】 以 352A 为母本，以 133－6－8 恢复系为父本，于 1999 年组配而成。2004 年，经吉林省农作物品种审定委员会审定推广，审定编号为吉审粱 2004003。

【特征特性】 籽粒圆形，红粒，幼苗绿色，叶色浓绿，株高 154 cm，根系发达。穗长 28.1 cm，中紧穗，长筒形，穗粒重 91.8 g，千粒重 27.7 g，黑壳。出苗至成熟 125 d，需≥10 ℃活动积温 2 600 ℃。籽粒含粗蛋白 8.91％、脂肪 3.35％、赖氨酸 0.23％、单宁 1.32％。抗旱性强，抗倒伏、叶斑病，田间抗丝黑穗病，自然发病率为 0。

【产量表现】 2002—2003 年，参加吉林省区域试验，平均产量 8 017.5 kg/hm^2，比对照平均增产 9.66％；2003 年，参加吉林省生产试验，平均产量9 193.8 kg/hm^2，比对照增产 7.52％。在一般肥力条件下，公顷产量8 017.5 kg；在栽培条件较好的情况下，公顷产量 9 000 kg 以上。

【栽培要点】 4 月末至 5 月初播种，公顷播量 1 520 kg。公顷保苗 12 万株。施足底肥，播种时施种肥磷酸二铵 200 kg/hm^2，拔节初期追施尿素 250 kg/hm^2。蜡熟末期收获，晾晒充分后脱粒。

【适宜地区】 吉林省松原、白城地区和长春部分地区及黑龙江省的三肇地区和双城区，也适于内蒙古自治区东部的部分地区。

【选育人员】 高士杰、刘晓辉、晋齐鸣、李伟、胡喜连、李继洪、李淑杰、邓文生、高忠、王树发、栾天浩、李忠鹏。

吉杂98（Jiza No. 98）

【品种来源】以4190A为母本，以R123为父本，于1999年组配而成。2005年，经吉林省农作物品种审定委员会审定推广，审定编号为吉审粱2005001。

【特征特性】籽粒圆形，红壳红粒，幼苗绿色，叶色浓绿，株高153.6 cm，根系发达。穗长33.9 cm，中紧穗，长纺锤形，穗粒重93.2 g，千粒重25.9 g。角质率40%，着壳率5.75%，出苗至成熟126.9 d，需≥10 ℃活动积温2 650 ℃。籽粒含粗蛋白9.32%、淀粉74.01%、单宁0.32%。抗叶斑病、倒伏、丝黑穗病。

【产量表现】2002—2003年，参加吉林省区域试验，平均产量8 116.2 kg/hm^2，比对照平均增产10.19%；2003—2004年，参加吉林省生产试验，平均产量8 851.2 kg/hm^2，比对照增产13.08%。在一般肥力条件下，公顷产量8 700 kg；在栽培条件较好的情况下，公顷产量可达10 000 kg以上。

【栽培要点】4月末至5月初播种，公顷播量20 kg。公顷保苗12万株。施足底肥，播种时施种肥磷酸二铵200 kg/hm^2，拔节初期追施硝酸铵300 kg/hm^2。蜡熟末期收获，晾晒充分后脱粒。

【适宜地区】吉林省松原、四平、白城和长春部分地区及黑龙江省双城，也适于内蒙古自治区的河套地区。

【选育人员】刘晓辉、高士杰、晋齐鸣、李淑杰、闫鸿雁、胡喜连、李继洪、李伟、邓文生、高忠、栾天浩、苏颖。

吉杂 99（Jiza No. 99）

【品种来源】以 TAM428A 为母本，以自选恢复系吉 R107 为父本，于 1999 年组配而成。2005 年，经吉林省农作物品种审定委员会审定推广，审定编号为吉审粱 2005002。

【特征特性】籽粒圆形，红壳红粒，幼苗绿色，叶色浓绿，株高 154.6 cm，根系发达。穗长 31.3 cm，中紧穗，长筒形，穗粒重 98.2 g，千粒重 28.5 g。角质率 47.5%，着壳率 3%，出苗至成熟 124 d，需≥10 ℃活动积温 2 550 ℃。籽粒含粗蛋白 9.15%、脂肪 3.62%、淀粉 76.76%、单宁 0.88%。抗旱、叶斑病、倒伏，田间高抗丝黑穗病，抗蚜虫。

【产量表现】2002—2003 年，参加吉林省区域试验，平均产量 8 311.8 kg/hm^2，比对照平均增产 12.19%；2003—2004 年，参加吉林省生产试验，平均产量 9 050 kg/hm^2，比对照增产 14.54%。在一般肥力条件下，公顷产量 8 763.8 kg；在栽培条件较好的情况下，公顷产量 10 000 kg 以上。

【栽培要点】4 月末至 5 月初播种，公顷播量 20 kg，公顷保苗 12 万株。施足底肥，播种时施种肥磷酸二铵 200 kg/hm^2，拔节初期追施硝酸铵 300 kg/hm^2。蜡熟末期收获，晾晒充分后脱粒。

【适宜地区】吉林省松原、白城和长春部分地区，以及黑龙江省的三肇地区，也适于内蒙古自治区东部的部分地区。

【选育人员】刘晓辉、高士杰、闫鸿雁、李继洪、胡喜连、郭中校、李伟、李淑杰、邓文生、栾天浩、李杰、苏颖。

四杂 36（Siza No. 36）

【品种来源】以外引不育系 314A 为母本，以自选恢复系 9910 为父本，于 1997 年组配而成。2002 年，经吉林省农作物品种审定委员会审定推广，审定编号为吉审粱 2002002。

【特征特性】幼苗绿色，株高 130～140 cm，19 片叶，穗颈直立，纺锤形穗，紧穗，穗长 25～27 cm，穗粒重 75～85 g，颖壳红色，红粒，硬壳，着壳率 12.98%，椭圆形，千粒重 27～30 g，容重 746.5 g/L，角质率 40%，早熟，出苗至成熟 114 d 左右，需≥10 ℃活动积温 2 450～2 500 ℃。籽粒含粗蛋白 10.57%、淀粉 70.49%、单宁 0.23%。高抗叶斑病和丝黑穗病，活秆成熟。

【产量表现】2000—2001 年，吉林省区域试验平均产量 7 206.1 kg/hm^2；2001 年，吉林省生产试验平均产量 7 056.7 kg/hm^2。在一般肥力条件下，公顷产量 7 000 kg；在栽培条件较好的情况下，公顷产量可达 8 500 kg 以上。

【栽培要点】一般 5 月 1～5 日播种为宜，覆土深度 4 cm，公顷保苗 12 万株左右。播种时每公顷施复合肥 200 kg，拔节时追硝酸铵 350～400 kg。

【适宜区域】吉林省中西部能种植敖杂 1 号、敖杂 2 号的地区。

【选育人员】马忠良、周紫阳、闫鸿雁、张淑君、姚忠贤、李光华、王江红、李玉普、李杰、邓文生、高忠、王树发。

四杂 40（Siza No. 40）

【品种来源】以自选不育系 971101A 为母本，以自选恢复系 4219 为父本，于 2000 年组配育成。2004 年，经吉林省农作物品种审定委员会审定推广，审定编号为吉审粱 2004002。

【特征特性】幼苗绿色，株高 160～170 cm，19 片叶，穗颈直立，纺锤形穗，穗型中等，穗长 31～33 cm，穗粒重 91～100 g，颖壳黑色，着壳率 12.6%，粒红、椭圆形，千粒重 35～36 g，角质率 34.2%。中晚熟种，出苗至成熟 127～128 d，需≥10 ℃活动积温 2 650～2 700 ℃。籽粒含粗蛋白 9.78%、淀粉 75.47%、单宁 0.27%。高抗叶斑病和丝黑穗病。

【产量表现】2002—2003 年，吉林省区域试验平均产量 8 617.9 kg/hm^2；2003 年，吉林省生产试验平均产量 9 497.8 kg/hm^2。在一般肥力条件下，公顷产量 8 600～9 000 kg；在栽培条件较好的情况下，公顷产量可达 9 500 kg 以上。

【栽培要点】一般 5 月 1～5 日播种为宜，覆土深度 3～4 cm，播种时公顷施复合肥 200 kg，拔节时追硝酸铵 350～400 kg。公顷保苗 9 万～10 万株。

【适宜区域】吉林省中、南部能种吉杂 80 的地区。

【选育人员】马忠良、周紫阳、闫鸿雁、张淑君、李光华、王江红、姚忠贤、马英慧、石贵山、任彦辉、王桂芳。

四杂 42（Siza No. 42）

【品种来源】以自选不育系Ⅶ72 为母本，以自选恢复系 4815 为父本，于 2001 年杂交选育而成。2005 年，经国家农作物品种审定委员会审定推广，审定编号为国品鉴粱 2005001。

【特征特性】幼苗绿色，株高 155～170 cm，16 片叶，穗颈直立，穗长筒形，穗型中紧，穗长 35～36 cm，穗粒重 91 g，着壳率 6.5%，千粒重 29.6 g，浅黑壳，红粒，籽粒椭圆形，角质率中等，早熟种，出苗至成熟 120 d，需≥10 ℃活动积温 2 500 ℃，籽粒含粗蛋白 11.11%、淀粉 69.33%、单宁 1.08%，高抗丝黑穗病和叶斑病。

【产量表现】2003—2004 年，吉林省区域试验平均产量 9 098.2 kg/hm^2；2003 年，吉林省生产试验平均产量 8 386.7 kg/hm^2。在一般肥力条件下，公顷产量 7 500 kg；在栽培条件较好的情况下，产量可达 9 000 kg 以上。

【栽培要点】一般 5 月 1～5 日播种，公顷保苗 10 万株，播种时公顷施玉米复合肥 200 kg，拔节时追施氮肥，也可在打垄时公顷施玉米复合肥200 kg，尿素 200～250 kg，生育期间不追肥。

【适宜区域】吉林省中、南部适宜种吉杂 80 的地区。

【选育人员】马忠良、周紫阳、闫鸿雁、张淑君、李光华、王江红、马英慧、姚忠贤、石贵山、任彦辉、王桂芳、刘红欣。

吉草 1 号（Jicao No. 1）

【品种来源】 以自选中晚熟多分蘖高粱不育系 HV37A 为母本，以系选苏丹草 YN2092 为父本，于 2007 年组配而成。2010 年，经吉林省农作物品种审定委员会审定推广，审定编号为吉审粱 2010003。

【特征特性】 种子橘红色，籽粒椭圆形，千粒重 27.6 g。幼苗绿色，株高 203.2 cm，植株持绿性好，叶片数多，成株叶片 22 片，花药黄色，花粉量较大。一次性收获的果穗伞形，穗长 28.2 cm，穗型散，褐红壳，着壳率 100%。籽粒长椭圆形，橘红色，千粒重 6.68 g。风干的秸秆含粗蛋白 9.46%、粗脂肪 11%、粗纤维 33.6%、粗灰分 7.57%、可溶性总糖 11.6%、水分 3.6%。高抗丝黑穗病、叶斑病，丝黑穗病发病率 0%。生育日数：一次性收获，出苗至成熟 124 d 左右；两次刈割，可持续生长到初霜前。

【产量表现】 2008—2009 年，吉林省区域试验平均公顷产量 83 278.5 kg，平均比对照皖草 2 号增产 11.0%。2009 年，吉林省生产试验平均公顷产量 70 068.1 kg，比对照增产 4.9%。

【栽培要点】 一般 5 月上中旬播种，公顷播量 15 kg。公顷保苗 25 万～30 万株。施足底肥农家肥，播种时施种肥磷酸二铵或复合肥 150～200 kg/hm^2。

【适宜区域】 吉林省东部草场、西部湿地及东北农牧交错带闲置地。

【选育人员】 闫鸿雁、李光华、王江红、马英慧、周紫阳、胡国宏。

吉草 2 号（Jicao No. 2）

【品种来源】以自选中早熟多分蘖高粱不育系 T32A 为母本，以系选苏丹草 YN2092 为父本，于 2007 年组配而成。2010 年，经吉林省农作物品种审定委员会审定推广，审定编号为吉审粱 2010004。

【特征特性】种子橘红色，籽粒椭圆形，千粒重 29.2 g。幼苗绿色，株高 198 cm，植株持绿性好，叶片数多，成株叶片 22 片，花药黄色，花粉量较大。一次性收获的果穗伞形，穗长 26.8 cm，穗型散，红壳，着壳率 100%。籽粒长椭圆形，黄红色，千粒重 4.97 g。风干的秸秆含粗蛋白 8.48%、粗脂肪 11%、粗纤维 36.0%、粗灰分 5.63%、可溶性总糖 13.7%、水分 3.6%。对丝黑穗病免疫，高抗叶斑病。生育日数：一次性收获，出苗至成熟 121 d 左右；两次刈割，可持续生长到初霜前。

【产量表现】2008—2009 年，吉林省区域试验平均公顷产量89 413.8 kg，平均比对照皖草 2 号增产 19.3%。2009 年，吉林省生产试验平均公顷产量 74 326.2 kg，比对照增产 12.0%。

【栽培要点】一般 5 月上中旬播种，公顷播量 15 kg。公顷保苗 25 万～30 万株。施足底肥农家肥，播种时施种肥磷酸二铵或复合肥 150～200 kg/hm^2。

【适宜区域】吉林省东部草场、西部湿地及东北农牧交错带闲置地。

【选育人员】闫鸿雁、周紫阳、马英慧、李光华、王江红、胡国宏。

吉甜 3 号（Jitian No. 3）

【品种来源】从高粱蔗 3 号自然变异群体系统选育而成。高粱蔗 3 号是由原轻工业部甘蔗糖业科学研究所海南甘蔗育种场用高粱与甘蔗杂交育成的高粱蔗。2006 年，经全国草品种审定委员会登记推广，登记编号为 330。

【特征特性】籽粒卵形，黄红色，千粒重 18.3 g，着壳率 85%。散穗，穗长 22.5 cm，穗粒重 52.0 g。幼苗紫色，株高 3.26 cm，茎粗 2.13 cm。籽粒含糖锤度 17.5%～19.2%，出汁率 72.65%。茎秆较高、较粗，最高可接近 3.6 m，最粗直径可达 2.5 cm 以上。秆强抗倒伏，抗叶斑病、黑穗病、蚜虫。

【产量表现】2001—2003 年，在吉林省农业科学院试验地产量比较试验中，三年平均总生物产量为 85 038 kg/hm^2，籽实产量平均 3 189 kg/hm^2。2003—2005 年，吉林省连续区域试验，三年平均总生物产量 76 434 kg/hm^2，三年平均茎叶产量 72 495 kg/hm^2，三年平均籽粒产量 3 192 kg/hm^2。

【栽培要点】4 月末至 5 月初，地温保持在 12 ℃以上时播种。播种量控制在 15.0～19.5 kg/hm^2。青贮用保苗 6 万～8 万株/hm^2，留分蘖；糖用、酒精用不留分蘖，保苗 10 万株/hm^2。按利用方式适时收获，青贮在蜡熟期收获，糖用、酒精用在成熟期收获。

【适宜地区】吉林省大部分地区、辽宁省北部地区、黑龙江省第一积温带、内蒙古自治区通辽市。

【选育人员】王鼐、石贵山、李玉发、苏颖。

吉甜 7 号（Jitian No. 7）

【品种来源】 2002 年，以美国优良甜高粱品种丽欧为母本，以自选甜高粱品种梨树甜为父本，有性杂交后代选育而成。2010 年，经吉林省农作物品种审定委员会审定推广，审定编号为吉审粱 2010005。

【特征特性】 幼苗紫绿色，芽鞘绿色，叶缘绿色。株高 327.2 cm，株形平展，叶片平展，成株叶片 18～20 片，花药黄色，柱头白色，花粉量大。果穗纺锤形，穗长 28.2 cm，穗型中散，单穗粒重 43.5 g，红壳，着壳率 15.4%。籽粒黄色，圆形，千粒重 16.65 g。角质率 19.6%，着壳率 15.4%。籽粒含粗蛋白 7.36%、粗脂肪 28%、粗灰分 5.49%、可溶性总糖 9.2%、糖锤度 16.2%～17.8%，两年人工接种抗病鉴定结果，中抗丝黑穗病，高抗叶斑病，丝黑穗病发病率 5%。

【产量表现】 2008 年，吉林省区域试验平均产量 57 751.5 kg/hm^2；2009 年，吉林省区域试验平均产量 51 036.3 kg/hm^2，两年区域试验平均产量 54 393.9 kg/hm^2。

【栽培要点】 一般 4 月末至 5 月初播种，选择中等肥力以上地块种植。保苗 8 万株/hm^2。施足农家肥，种肥一般施用玉米复合肥 200 kg/hm^2，拔节时追施氮肥，追肥一般尿素 200 kg/hm^2 左右，也可在起垄时施玉米复合肥 200 kg/hm^2、尿素 200 kg/hm^2，生育期间不追肥。

【适宜地区】 吉林省中、南部区域。

【选育人员】 王鼐、石贵山、闫鸿雁、刘红欣、李伟、王江红、李光华、马英慧。

吉杂 118（Jiza No. 118）

【品种来源】以自选不育系吉 2055A 为母本，以自选恢复系吉 R8036 为父本，于 2003 年组配而成。2007 年，经吉林省农作物品种审定委员会审定的酿酒型专用高粱新品种，审定编号为吉审粱 2007001。

【特征特性】从出苗至成熟 118 d 左右，需≥10 ℃活动积温 2 460 ℃，属于中早熟杂交种。幼苗绿色，生长势强。株高 166 cm，穗长 25.6 cm，穗呈长纺锤形，中紧穗。穗粒重 81.7 g，千粒重 28.3 g，角质率 40%。籽粒圆形，红壳、黄粒，着壳率 5.35%。籽粒含粗蛋白 10.76%、赖氨酸 0.22%、淀粉 76.02%、单宁 0.78%。该杂交种芽鞘拱土力强，早发性好；抗旱性强，抗蚜虫、叶斑病、丝黑穗病；抗倒伏，稳产性好。

【产量表现】2005—2006 年，参加吉林省区域试验，平均产量 8 248.9 kg/hm^2，比对照平均增产 10.95%。2006 年，参加吉林省生产试验平均产量8 563.8 kg/hm^2，比对照平均增产 11.81%。在较好的栽培条件下，产量可达 10 000 kg/hm^2 以上。

【栽培要点】一般 5 月上中旬播种，要求土壤 10 cm 耕层地温稳定在10 ℃以上，土壤含水量在 15%～20%为宜。公顷播量 6～8 kg，公顷保苗 12 万株。为确保高产，应施足底肥、增施种肥、适时追肥。播种时施种肥磷酸二铵 150～200 kg/hm^2，拔节初期追施尿素 200 kg/hm^2。播种时用毒谷防治地下害虫，及时防治黏虫和玉米螟。

【适宜地区】吉林省松原、白城地区和长春的部分区域，以及内蒙古自治区的东部，黑龙江省的第一、二积温带。

【选育人员】李继洪、刘晓辉、高士杰。

吉杂 121 (Jiza No. 121)

【品种来源】 以不育系 314A 为母本，以自选恢复系吉 R105 为父本，于 2001 年组配而成。2008 年，经国家高粱鉴定委员会审定的酿酒专用高粱杂交种，审定编号为国品鉴粱 2008001。

【特征特性】 出苗至成熟 119 d 左右，需≥10 ℃活动积温 2 400～2 500 ℃，属中早熟杂交种；幼苗和芽鞘绿色，根系发达，株高 170～180 cm，茎秆较粗壮；穗长 29.2 cm，中紧穗、长纺锤形，穗粒重 101.3 g，红壳，着壳率 4.4%；籽粒椭圆形，红色，千粒重 29.0 g。籽粒含粗蛋白 9.58%、淀粉 77.60%、单宁 1.04%、赖氨酸 0.20%。该杂交种适应性广，较抗倒伏，抗蚜虫、叶斑病，高抗丝黑穗病。

【产量表现】 2006—2007 年，参加国家春播早熟组区域试验，2006 年平均亩*产 582.2 kg，比对照敖杂 1 号增产 18.9%，比对照四杂 25 增产 6.8%。2007 年平均亩产 612.2 kg，比对照敖杂 1 号增产 27.9%，比对照四杂 25 增产 2.4%。2007 年，参加国家早熟组生产试验平均亩产 615.0 kg，比对照敖杂 1 号平均增产 17.9%；比对照四杂 25 平均增产 6.4%。

【栽培要点】 施农家肥 3 000 kg/亩左右做底肥，每亩施磷酸二铵或复合肥 15 kg 作种肥；拔节初期追施尿素 20 kg/亩。早熟区播种时期为 5 月上中旬，播种深度 2～3 cm，播后注意镇压、保墒，保苗密度 10～12 株/m^2。

【适宜地区】 吉林省的中、西部，黑龙江省的南部和内蒙古自治区的东部等地区。

【选育人员】 高士杰、李继洪、刘晓辉、李伟、李淑杰、胡喜连、邓文生。

* 亩为非法定计量单位，1 亩≈667 m^2。

吉杂 122（Jiza No. 122）

【品种来源】以自选系吉 2055A 为母本，以自选系吉 R105 为父本，于 2003 年组配而成。2008 年，通过吉林省农作物品种审定委员会审定，审定编号为吉审粱 2009001。

【特征特性】出苗至成熟 120 d，需≥10 ℃活动积温 2 500 ℃，幼苗绿色，根系发达，株高 172 cm，穗长 29.1 cm，穗粒重 88.8 g，中紧穗，棒状，千粒重 26.9 g，角质率 25.3%，着壳率 6.9%，籽粒圆形，红壳红粒，容重 750.0 g/L。籽粒含粗蛋白 8.48%、淀粉 72.43%、脂肪 2.67%、单宁 1.63%。抗叶斑病、倒伏，中抗丝黑穗病。

【产量表现】2006 年，吉林省区域试验平均公顷产量 8 597.4 kg，比对照品种敖杂 1 号增产 11.7%；2007 年，吉林省区域试验平均公顷产量 8 649.5 kg，比对照品种敖杂 1 号增产 21.3%；两年区域试验平均公顷产量 8 623.45 kg，比对照品种增产 16.5%。2008 年，吉林省生产试验平均公顷产量 9 148 kg，在对照标准提高的情况下，比对照品种吉杂 118 增产 1.7%。

【栽培要点】5 月上中旬播种，播种量 10～12 kg，公顷保苗 12 万～14 万株。施足底肥，播种时施种肥磷酸二铵 150～200 kg/hm^2，拔节初期追尿素 200 kg/hm^2，注意防治黏虫、玉米螟。

【适宜地区】吉林省松原、白城和长春的部分区域，以及内蒙古自治区的东部，黑龙江省的第一、二积温带。

【选育人员】李继洪、高士杰、刘晓辉、闫鸿雁、李淑杰、李伟、邓文生、胡喜连、王阳、高忠、檀辉、李玉普。

吉杂 123（Jiza No. 123）

【品种来源】以不育系晋长早 A 为母本，以吉 R105 为父本，于 2002 年组配而成。2008 年，通过吉林省农作物品种审定委员会审定，审定编号为吉审粱 2009002。

【特征特性】吉杂 123 生育期 125～128 d，幼苗绿色。根系发达，株高 166.3 cm，穗长 34.7 cm，穗粒重 140.4 g，中散穗，长纺锤形，千粒重 30.9 g，角质率 34.8%，籽粒圆形，红壳红粒。籽粒含粗蛋白 8.28%、粗脂肪 3.89%、粗淀粉 76.88%、单宁 1.8%。抗叶斑病、倒伏，中抗丝黑穗病。

【产量表现】参加吉林省高粱中晚熟组区域试验，2006 年平均公顷产量 9 069.6 kg，2007 年平均公顷产量 8 959.1 kg；2008 年，吉林省生产试验平均公顷产量 9 922 kg。一般公顷产量 9 000 kg；在较好的栽培条件下，公顷产量 12 000 kg 以上。

【栽培要点】5 月上中旬播种，播种量 0.7～1.2 kg/亩，亩留苗 7 000～8 000株，保留分蘖。播种时施种肥磷酸二铵或复合肥 10～15 kg/亩，拔节初期追尿素 15～20 kg/亩。注意防治黏虫、玉米螟。

【适宜地区】吉林省的松原、四平和白城、长春的部分区域，黑龙江省的第一积温带及内蒙古自治区的通辽等地。

【选育人员】高士杰、李继洪、闫鸿雁、刘晓辉、李淑杰、李伟、胡喜连、邓文生、王阳、高忠、檀辉、李玉普。

吉杂 124（Jiza No. 124）

【品种来源】以自选不育系吉 2055A 为母本，以自选恢复系吉 R107 为父本，于 2004 年育成的早熟高淀粉酿酒型杂交种。2008 年，通过国家高粱鉴定委员会审定，审定编号为国品鉴粱 2009001。

【特征特性】生育期 120 d，幼苗和芽鞘绿色，根系发达，株高 165 cm 左右，18 片叶，茎秆较粗壮。穗长 29.2 cm，中紧穗、长纺锤形，籽粒椭圆形、红色、千粒重 28.8 g，穗粒重 91.6 g，着壳率 4.7%。籽粒含粗蛋白 10.12%、粗淀粉 74.38%、单宁 0.90%、赖氨酸 0.32%，角质率 40%。抗旱性强，抗叶斑病，丝黑穗病自然发病率两年均为 0，接种发病率两年平均为 1.1%。

【产量表现】2007 年，参加国家区域试验平均公顷产量 9 456.0 kg，2008 年，参加国家区域试验平均公顷产量 8 796.0 kg。2008 年，参加国家生产试验平均公顷产量 8 818.5 kg。

【栽培要点】在一般肥力的土壤均可种植，早熟区播种时期为 5 月中旬。播种深度 2～3 cm，留苗密度 11～12 株/m^2，播后注意镇压、保墒。每亩施农家肥 3 000 kg 左右作底肥，磷酸二铵或复合肥 20 kg/亩作种肥，拔节初期追施 15～25 kg/亩尿素。在蜡熟末期收获。

【适宜地区】吉林省的松原、白城、长春地区，黑龙江省第一积温带，内蒙古自治区东部等地区。

【选育人员】李继洪、高士杰、刘晓辉、李淑杰、李伟、胡喜连、邓文生。

吉杂 127（Jiza No. 127）

【品种来源】 以自选不育系吉 2055A 为母本，以自选恢复系吉 R117 为父本，于 2005 年组配而成。2009 年，经全国高粱品种鉴定委员会和内蒙古自治区品种审定委员会审定推广，审定编号为国品鉴粱 2009013。

【特征特性】 出苗至成熟 125 d 左右，需≥10 ℃活动积温 2 450～2 550 ℃，属中熟杂交种；幼苗和芽鞘绿色，根系发达，株高 164.1 cm 左右，19 片叶，茎秆较粗壮；穗长 26.9 cm，中紧穗、纺锤形，穗粒重 86.3 g，着壳率 6.4%，籽粒椭圆形，红壳红粒，千粒重 28.9 g。籽粒含粗蛋白 8.76%、粗淀粉 76.52%、单宁 0.81%、赖氨酸 0.18%，角质率 30%。该杂交种适应性广，抗倒伏、蚜虫、叶斑病。经国家高粱改良中心连续 2 年用丝黑穗病菌 3 号生理小种接种鉴定，2 年平均发病率 1.0%。

【产量表现】 2008—2009 年，国家区试平均亩产 598.9 kg，居第 1 位；比对照敖杂 1 号增产 21.3%，比对照四杂 25 增产 8.3%，与两个对照相比，6 个试验点全部增产。

【栽培要点】 早熟区播种时期为 5 月上中旬，播种深度 2.5～3.0 cm，播后注意镇压、保墒；保苗密度 11～13 株/m^2。在一般肥力的土壤均可种植，每亩施农家肥 3 000 kg 左右作底肥，每亩施磷酸二铵或复合肥 20 kg 作种肥，在拔节初期追施尿素 15～25 kg/亩；蜡熟末期收获。

【适宜地区】 吉林省的松原、白城、长春地区，黑龙江省第一积温带，内蒙古自治区东部等地。

【选育人员】 高士杰、李继洪、李淑杰、李伟、陈冰嫣、王阳、胡喜连、邓文生。

吉杂203（Jiza No. 203）

【品种来源】 以自选不育系2115A为母本，以自选恢复95－106－2123为父本，于2000年组配而成。2006年，经吉林省农作物品种审定委员会审定推广，审定编号为吉审粱2006002。

【特征特性】 出苗至成熟118 d左右，需≥10 ℃活动积温2 480 ℃。穗长28.1 cm，长筒形紧穗，穗粒重78.8 g，红壳，着壳率6.8%。籽粒含粗蛋白9.71%、淀粉73.54%、单宁0.25%，角质率21.4%。抗倒伏、蚜虫、叶斑病，中抗丝黑穗病。

【产量表现】 2002—2003年，平均产量9 755.5 kg/hm^2；2004—2005年，吉林省区试平均产量8 487.5 kg/hm^2。

【栽培要点】 4月末或5月初播种，公顷播种量15.0 kg。公顷保苗12.0万株。播种时施种肥磷酸二铵150～200 kg/hm^2，拔节初期追施硝酸铵300 kg/hm^2，注意防治黏虫和玉米螟。

【适宜地区】 吉林省的松原、白城、长春的部分地区及黑龙江省第一积温带。

【选育人员】 王鼐、刘红欣、苏颖、闫鸿雁、李伟、刘涛、李玉发、檀辉、栾天浩、高忠、才卓。

吉杂 210（Jiza No. 210）

【品种来源】 以自选 2055A 为母本，以自选恢复系吉南 133 为父本，于 2003 年组配而成。2009 年，经全国农作物品种审定委员会鉴定，鉴定编号为国品鉴粱 2009002。2018 年，申请国家非主要农作物品种登记，登记编号为 GPD 高粱（2018）220120。

【特征特性】 幼苗和芽鞘绿色，根系发达，株高 168.7 cm 左右，18～19 片叶，茎秆较粗壮。穗长 24.7 cm，中紧穗、圆筒形，穗粒重 86.2 g，红壳，着壳率 4.9%。籽粒椭圆形，红色，千粒重 28.8 g。籽粒含粗蛋白 10.14%、粗淀粉 73.54%、单宁 1.22%、赖氨酸 0.32%，角质率 35.0%。较抗倒伏、蚜虫，抗叶斑病。

【产量表现】 2005—2006 年，平均产量为 10 147.3 kg/hm^2。2007—2008 年，春播早熟组区域试验，两年平均产量 8 722.5 kg/hm^2。

【栽培要点】 早熟区播种时期为 4 月末至 5 月上旬，播种深度 3～4 cm，播种时施种肥磷酸二铵 150～200 kg/hm^2，播后注意镇压、保墒；保苗密度 10～12 株/m^2；在拔节初期追施硝酸铵 300 kg/hm^2。蜡熟末期收获。

【适宜地区】 吉林省的白城、松原及长春的部分区域，黑龙江省的第一、二积温带，内蒙古自治区的赤峰、兴安盟扎赉特旗、乌兰浩特等地。

【选育人员】 王鼐、李淑杰、马英慧、石贵山、刘红欣、李继洪、王江红、李光华、李伟、高士杰、周紫阳。

吉杂 304（Jiza No. 304）

【品种来源】 2003 年，以自选不育系 0427A 为母本，自选恢复系 4219 为父本，组配育成。2007 年，经吉林省农作物品种审定委员会审定推广，审定编号为吉审粱 2007002。

【特征特性】 种子椭圆形，白粒，千粒重 29～30 g。幼苗绿色，株高158～166.4 cm，18 片叶。穗长 29.2～30.9 cm，纺锤形穗，穗型中紧，红壳，着壳率 10.2%。籽粒椭圆形，红色，千粒重 29～30 g，角质率 29.07%。籽粒含粗蛋白 8.34%、粗脂肪 3.2%、粗淀粉 74.27%、单宁 1.15%。出苗至成熟 118～121 d。高抗叶斑病、丝黑穗病。

【产量表现】 在中等肥力和栽培条件下，公顷产量 8 400～9 300 kg；在较高肥力和栽培条件下，公顷产量可达 10 000 kg 以上。

【栽培要点】 一般 4 月末至 5 月初播种，公顷保苗 10 万株，播种时公顷施复合肥 200 kg。拔节时追施氮肥，也可在起垄时公顷施复合肥 200 kg、尿素 200～250 kg，生育期间不追肥。

【适宜区域】 吉林省中、西部，内蒙古自治区东部，黑龙江省三肇地区。

【选育人员】 闫鸿雁、王江红、李光华、马英慧、周紫阳、马忠良。

吉杂 305（Jiza No. 305）

【品种来源】以自选不育系 521A 为母本，以外引恢复系 0－30 为父本，于 2004 年组配而成。2008 年，经吉林省农作物品种审定委员会审定推广，审定编号为吉审粱 2008001。

【特征特性】幼苗绿色，19 片叶，株高 175～180 cm，根系发达，穗长 27.5 cm，穗型中散，红壳，着壳率 12.1%，籽粒圆形、红壳、粉白粒、千粒重 31～34.6 g，角质率 36.3%。籽粒含粗蛋白 5.83%、淀粉 79.54%、脂肪 4.6%、单宁 0。出苗至成熟 126～127 d，需≥10 ℃活动积温 2 650～2 700 ℃，抗倒伏、叶斑病，中抗丝黑穗病。

【产量表现】2006—2007 年，吉林省区域试验平均产量 8 880.5 kg/hm^2，2007 年，吉林省生产试验平均产量 7 793.6 kg/hm^2。在一般肥力条件下，公顷产量 8 880.5 kg；在栽培条件较好的情况下，公顷产量可达 10 000 kg 以上。

【栽培要点】一般 5 月初播种，公顷播量 20 kg，公顷保苗 10 万株，播种时公顷施玉米复合肥 200 kg，拔节时追施氮肥；也可在打垄时公顷施复合肥 200 kg、尿素 200～250 kg，生育期间不追肥。

【适宜区域】吉林省中、西部，内蒙古自治区东部及黑龙江省南部地区。

【选育人员】王江红、马英惠、周紫阳、闫鸿雁、李光华、马忠良、张淑君、姚忠贤。

吉杂 307（Jiza No. 307）

【品种来源】以自选不育系 507A 为母本，以自选恢复系 581－2 为父本，于 2004 年杂交组配选育而成。2009 年，经吉林省农作物品种审定委员会审定推广，审定编号为吉审粱 2009003。

【特征特性】中早熟种，出苗至成熟 121 d，需≥10 ℃活动积温 2 550 ℃。幼苗绿色，株高 167.1 cm，18 片叶，穗长 29 cm，穗粒重 85.6 g，千粒重 32.4 g，角质率 26.1%，着壳率 14.9 g，红壳红黄粒，籽粒椭圆形，恢复性达 100%。籽粒含粗蛋白 9.75%、淀粉 72.8%、脂肪 3.70%、单宁 0.68%。抗叶斑病，高抗丝黑穗病。

【产量表现】2006—2007 年，吉林省区域试验平均产量 8 282.0 kg/hm^2，2008 年，吉林省生产试验平均产量 8 451.1 kg/hm^2。在一般肥力条件下，公顷产量 8 451 kg；在栽培条件较好的情况下，产量可达 9 000 kg。

【栽培要点】一般 4 月末至 5 月初播种，公顷保苗 12 万株，播种时公顷施玉米复合肥 200 kg，拔节时追施氮肥，也可打垄时公顷施玉米复合肥 200 kg、尿素 200～250 kg，生育期间不追肥。

【适宜区域】吉林省中、西部中早熟区。

【选育人员】周紫阳、王江红、闫鸿雁、李光华、马英惠、马忠良、张淑君、姚忠贤。

糯早 6 号（Nuozao No. 6）

【品种来源】2002 年，以吉林省四平市三门镇当地的农家品种红壳黏高粱为亲本，经过 3 年 6 个世代的系统选育，于 2004 年秋，在稳定的系选后代中选出黏高粱——SM6，定名为糯早 6 号。2010 年，经吉林省农作物品种审定委员会审定推广，审定编号为吉审粱 2010002。

【特征特性】种子红色，籽粒椭圆形，小粒，种皮有皱褶，千粒重 24.8 g。幼苗绿色。株高 178.6 cm，成株叶片 19 片。果穗纺锤形，穗长 24.7 cm，穗型中紧，单穗粒重 67.8 g，红壳、软壳，红粒，千粒重 24.8 g。籽粒含粗淀粉 68.18%，支链淀粉占淀粉的 98.04%，含粗蛋白 11.29%、粗脂肪 3.77%、单宁 1.53%，容重 729 g/L。早熟品种，出苗至成熟 115 d 左右。

【产量表现】2008—2009 年，吉林省区域试验平均公顷产量 7 672.9 kg，平均比对照敖杂 1 号增产 0.4%；2009 年，吉林省生产试验平均公顷产量 8 036.2 kg，平均比对照品种敖杂 1 号增产 0.3%。

【栽培要点】一般 5 月中上旬播种，公顷播量 10～12 kg。公顷保苗 12 万～14 万株。施足底肥，播种时施种肥磷酸二铵或复合肥 150～200 kg/hm^2，拔节初期追施尿素 200～300 kg/hm^2。

【适宜区域】吉林省的松原、白城和长春的部分区域及内蒙古自治区的东部，黑龙江省的第一、二积温带。

【选育人员】闫鸿雁、周紫阳、李光华、马英慧、王江红、檀辉。

吉草3号（Jicao No. 3）

【品种来源】以外引不育系亲凡A为母本，以自选恢复系苏丹草黑壳3号为父本，于2004年组配而成的饲草高粱新品种。2012年，经全国农业技术推广服务中心审定推广，审定编号为国品鉴粱2012010。

【特征特性】幼苗绿色，芽鞘紫色，叶片19～20片，根系发达，茎秆粗壮，株高248.7 cm，蜡质叶脉，分蘖2.73个，茎粗1.48 cm，茎秆多汁，刈割后植株再生力强，生长速度快，茎叶鲜嫩适口性好。籽粒含粗蛋白5.60%、粗纤维32.6%、粗脂肪3.2%、粗灰分5.31%、可溶性总糖18.7%、水分6.4%。在株高195.0 cm时，叶中氢氰酸0.35 mg/kg，茎中氢氰酸0.19 mg/kg。在株高167.0 cm时，叶中氢氰酸0.030 mg/kg，茎中氢氰酸0.037 mg/kg。

【产量表现】2010年，国家区域试验平均亩产6 094 kg，居第4位，比对照皖草2号增产6.1%，13个试验点增产，1个试验点减产。2011年，国家区域试验平均亩产6 309.0 kg，居第3位，比对照皖草2号增产3.4%，11个试验点增产，4个试验点减产。2010—2011年，鲜重平均亩产6 201.5 kg，比对照皖草2号增产4.7%。

【栽培要点】一般留苗30万～60万株/hm^2为宜，一般播种量20～25 kg/hm^2。另外，还要根据土壤的肥力条件确定留苗密度，水肥条件较好的地块可适当加大密度，土壤肥力和水利条件差的地块应适当降低密度。

【适宜地区】我国高粱春播早熟区、晚熟区、夏播区的活动积温达到2 200 ℃以上的区域。

【选育人员】高士杰、李继洪、陈冰嬬、李淑杰、刘晓辉、李伟、胡喜连、王阳、邓文生、高鸣。

吉甜杂 1 号（Jitianza No. 1）

【品种来源】 以不育系九甜 2A 为母本，以外引恢复系考利为父本，于 2006 年组配而成。2012 年，经全国农作物品种审定委员会鉴定，鉴定编号为国品鉴梁 2012008。

【特征特性】 幼苗绿色，芽鞘紫色，蜡质叶脉，平均株高 366.6 cm，穗长 25.9 cm，茎粗 1.99 cm，千粒重 38.4 g，穗粒重 48.5 g，纺锤形中紧穗，茎秆多汁，褐壳红粒。糖锤度 18.3%，出汁率 54.9%，倾斜率 20.9%，倒折率 15.3%。籽粒含粗蛋白 4.18%、粗灰分 4.26%、粗脂肪 1.5%、粗纤维 24.4%、可溶性总糖（以葡萄糖计）32.8%。氢氰酸含量叶中 0.111 mg/kg、茎中 0.15 mg/kg。中抗丝黑穗病。

【产量表现】 2008—2009 年，参加吉林省农业科学院产比试验，两年平均产 66 272.85 kg/hm^2。2010—2011 年，连续两年参加全国区域试验，两年全国区域试验鲜重平均产量 72 150 kg/hm^2，籽粒全国平均产量 2 686.5 kg/hm^2。

【栽培要点】 播种时期为 4 月末至 5 月上旬。磷酸二铵或复合肥 300 kg/hm^2 作种肥，450 kg/hm^2 尿素作追肥，在拔节初期追施。播种深度 3～4 cm，种植密度 8～10 株/m^2，播后注意镇压、保墒，根据用途实时收获。

【适宜地区】 吉林省的白城、松原、长春的部分区域，黑龙江省第一积温带，内蒙古自治区的赤峰、通辽，辽宁省西北部等地区。

【选育人员】 王鼐、石贵山、郑士梅、刘红欣、王江红、陈冰嫣、李光华、李伟、李继洪、高士杰。

吉杂 130（Jiza No. 130）

【品种来源】以自选不育系 2055A 为母本，以外引恢复系 0－30 为父本，于 2006 年育成的高粱杂交种。2011 年，经全国农业技术推广服务中心审定推广，审定编号为国品鉴粱 2011001。

【特征特性】中早熟杂交种，出苗至成熟 121 d。需≥10 ℃活动积温2 450～2 550 ℃。种子浅黄白色，籽粒圆形，千粒重 28.8 g；幼苗绿色，叶鞘绿色，叶缘绿色，株高 178 cm，穗长 25.9 cm，中紧穗，纺锤形，单穗粒重 87.0 g；籽粒椭圆形，红壳，橙红粒，千粒重 30.6 g；籽粒含粗蛋白 10.06%、粗淀粉 76.14%、单宁 0.15%、赖氨酸 0.28%。人工接种鉴定，高抗丝黑穗病。

【产量表现】2009—2010 年，国家区域试验平均亩产 638.4 kg，居第1 位，比对照敖杂 1 号增产 20.3%，比对照四杂 25 增产 9.4%。

【栽培要点】一般 4 月末或 5 月初播种，要求土壤 10 cm 耕层地温稳定在 10 ℃以上，土壤含水量在 15%～20%为宜；不可过早播种，以防种子粉籽；公顷播量 10～15 kg；播种深度 2.5～3.0 cm，播后注意镇压、保墒。公顷保苗 11 万～12 万株。

【适宜地区】吉林省的松原、白城、长春、四平地区，黑龙江省第一积温带，内蒙古自治区的赤峰、通辽及河套地区等地。

【选育人员】李继洪、高士杰、陈冰嬬、李淑杰、李伟、胡喜连、邓文生。

吉杂 131（Jiza No. 131）

【品种来源】以外引不育系 TAM428A 为母本，以自选优良恢复系吉 R5062 为父本，于 2006 年育成的高粱杂交种。2012 年，经吉林省农作物品种审定委员会审定推广，审定编号为吉审粱 2012002。

【特征特性】中熟品种，出苗至成熟 119 d。需≥10 ℃活动积温 2 500 ℃左右。种子白色，籽粒圆形，千粒重 29 g；幼苗绿色，根系发达，株高 192.8 cm，穗长 31.7 cm，中紧穗，棒状，单穗粒重 108 g；籽粒圆形，红壳，红粒，千粒重 30.8 g，容重 752.0 g/L。籽粒含粗蛋白 9.63%、粗脂肪 3.15%、粗淀粉 73.73%、单宁 1.2%。人工接种鉴定，中抗丝黑穗病。

【产量表现】2010—2011 年，吉林省区域试验平均公顷产量 8 931.6 kg，比对照增产 7.0%；2011 年，吉林省生产试验比对照四杂 25 增产 9.97%。

【栽培要点】一般 5 月上中旬播种，要求土壤 10 cm 耕层地温稳定在 12 ℃以上，土壤含水量在 15%～20%为宜；公顷播量 15～20 kg；播种深度 2.5～3.0 cm，播后注意镇压、保墒。公顷保苗 11 万～12 万株。

【适宜地区】吉林省的松原、白城和长春的部分地区及内蒙古自治区的通辽、赤峰地区，以及黑龙江省的第一积温带。

【选育人员】李继洪、陈冰嫣、闫鸿雁、高士杰、李淑杰、李伟、王阳、胡喜连、邓文生、高鸣。

吉杂 133（Jiza No. 133）

【品种来源】以自选不育系吉 2056A 为母本，以自选恢复系吉 R5062 为父本，于 2007 年育成的高粱杂交种。2013 年，经吉林省农作物品种审定委员会审定推广，审定编号为吉审粱 2013001。

【特征特性】中熟品种，出苗至成熟 120 d。需≥10 ℃活动积温 2 520 ℃左右。种子白色，籽粒圆形，千粒重 27.6 g；幼苗绿色，根系发达，株高 179.6 cm，穗长 30.1 cm，中紧穗，棒状，单穗粒重 98.6 g；籽粒圆形，红壳，红粒，千粒重 30.4 g，容重 728.0 g/L。籽粒含粗蛋白 8.91%、粗脂肪 3.07%、粗淀粉 74.57%、单宁 1.26%。人工接种鉴定，中抗丝黑穗病。

【产量表现】2011—2012 年，吉林省区域试验平均公顷产量 92.06.7 kg，比对照增产 8.0%。

【栽培要点】一般 5 月上中旬播种，公顷播量 8～10 kg，公顷保苗 11 万～12 万株。施足底肥，播种时，施磷酸二铵或复合肥 150～200 kg/hm^2。

【适宜地区】吉林省的松原、白城和长春的部分区域及内蒙古自治区的通辽、赤峰地区，以及黑龙江省的第一积温带。

【选育人员】陈冰嬬、李继洪、闫鸿雁、高士杰、李伟、李淑杰、王阳、胡喜连、邓文生、王江红、高鸣。

吉杂 136（Jiza No. 136）

【品种来源】以自选不育系 2055A 为母本，以外引恢复系 09－1152 为父本，于 2009 年育成的高粱杂交种。2014 年，经吉林省农作物品种审定委员会审定推广，审定编号为吉审粱 2014003。

【特征特性】中早熟品种，出苗至成熟 119 d。需≥10 ℃活动积温 2 500 ℃左右。种子浅黄白色，籽粒圆形，千粒重 28.5 g；幼苗绿色，叶鞘绿色，叶缘绿色，株高 159.6 cm，穗长 24.3 cm，紧穗，纺锤状，单穗粒重 84.0 g；籽粒圆形，黄红色，千粒重 27.4 g，容重 698.0 g/L。籽粒含粗蛋白 8.36%、粗脂肪 3.317%、粗淀粉 74.85%、单宁 1.37%。人工接种鉴定，抗丝黑穗病。

【产量表现】2012—2013 年，吉林省区域试验平均公顷产量 9 489.7 kg，比对照增产 6.2%。

【栽培要点】一般 5 月上中旬播种，公顷播量 8～10 kg，公顷保苗12 万～14 万株。施足底肥，播种时，施磷酸二铵或复合肥 150～200 kg/hm^2。

【适宜地区】吉林省的松原、白城和长春的部分区域及内蒙古自治区的通辽、赤峰地区，以及黑龙江省的第一、二积温带。

【选育人员】李继洪、高士杰、马英慧、陈冰嬬、李伟、李淑杰、高明超、胡喜连、王阳、侯佳明、高鸣、邓文生。

吉杂 137（Jiza No. 137）

【品种来源】 以自选不育系吉 2055A 为母本，以外引恢复系 K117R 为父本，于 2009 年育成的高粱杂交种。2015 年，经吉林省农作物品种审定委员会审定推广，审定编号为吉审粱 2015004。

【特征特性】 中熟品种，出苗至成熟 118 d。需≥10 ℃活动积温 2 500 ℃左右。种子浅黄白色，籽粒圆形，千粒重 28.5 g；幼苗绿色，叶鞘绿色，叶缘绿色，株高 162.7 cm，穗长 27.2 cm，紧穗，纺锤状，单穗粒重 106.2 g；籽粒圆形，黄红色，千粒重 28.9 g，容重 727.0 g/L。籽粒含粗蛋白 9.65%、粗脂肪 3.41%、粗淀粉 75.05%、单宁 1.42%。人工接种鉴定，抗丝黑穗病。

【产量表现】 2013—2014 年，吉林省区域试验平均公顷产量 9 569.8 kg，比对照增产 7.0%。

【栽培要点】 一般 5 月上中旬播种，公顷播量 8～10 kg，公顷保苗 12 万～14 万株。施足底肥，播种时，施磷酸二铵或复合肥 150～200 kg/hm^2。

【适宜地区】 吉林省的松原、白城和长春的部分区域，内蒙古自治区的通辽、赤峰地区，以及黑龙江省的第一积温带。

【选育人员】 李继洪、高士杰、陈冰嬬、李淑杰、李伟、高明超、胡喜连、侯佳明、王阳、高鸣、王江红、马英慧、李光华。

吉杂 138（Jiza No. 138）

【品种来源】以自选不育系 2055A 为母本，以自选恢复系吉 R9048 为父本，于 2007 年育成的高粱杂交种。2014 年，经全国农业技术推广服务中心审定推广，审定编号为国品鉴粱 2014001。

【特征特性】中早熟杂交种，出苗至成熟 118 d。需≥10 ℃活动积温 2 450～2 500 ℃。种子浅黄白色，籽粒圆形，千粒重 28.8 g；幼苗绿色，叶鞘绿色，叶缘绿色，株高 165.9 cm，穗长 29.3 cm，中紧穗，纺锤形，单穗粒重 91.7 g；籽粒椭圆形，红壳红粒，千粒重 28.7 g。籽粒含粗蛋白 9.82%、粗淀粉 73.42%、单宁 1.0%。人工接种鉴定，高抗丝黑穗病。

【产量表现】2011—2012 年，国家区域试验平均亩产 639.3 kg，居第1 位，比对照敖杂 1 号增产 18.8%，比对照四杂 25 增产 9.6%。

【栽培要点】一般 5 月上中旬播种，公顷播量 10～15 kg，公顷保苗 11 万～13 万株。施足底肥，播种时，施磷酸二铵或复合肥 150～200 kg/hm^2。

【适宜地区】吉林省的松原、白城、长春地区，黑龙江省第一积温带，内蒙古自治区的赤峰、通辽及河套地区等地。

【选育人员】李继洪、高士杰、陈冰嬬、李淑杰、李伟、胡喜连、高明超、王阳、高鸣、侯佳明、邓文生。

吉杂 140（Jiza No. 140）

【品种来源】以自选不育系吉 1230A 为母本，以自选恢复系吉 R8068 为父本，于 2009 年育成的早熟矮秆高粱杂交种。2015 年，经内蒙古自治区农作物品种审定委员会审定推广，审定编号为蒙审粱 2015005。

【特征特性】该杂交种芽鞘绿色，幼苗绿色，株高 124 cm 左右，茎粗 1.4 cm 左右，总叶片数 15 片，穗长 24 cm 左右，中紧穗，棒形，穗粒重 55.7 g，籽粒椭圆形，红褐壳、红粒，着壳率低，角质中等，千粒重 25.64 g。出苗至成熟 104 d 左右，全生育期需要≥10 ℃活动积温 2 150 ℃左右，属极早熟高粱杂交种。

【产量表现】2012 年，参加内蒙古自治区高粱极早熟组预备区域试验，平均亩产 542.15 kg，比敖杂 1 号增产 3.83%。2013 年，参加内蒙古自治区高粱极早熟组区域试验，平均亩产 411.47 kg，比内杂 3 号增产 3.10%。2014 年，参加内蒙古自治区高粱极早熟组生产试验，平均亩产 514.61 kg，比对照增产 7.49%。

【栽培要点】一般 5 月上中旬播种，公顷播量 10～15 kg，公顷保苗 24 万～30 万株。施足底肥，播种时施磷酸二铵或复合肥 150～200 kg/hm^2。

【适宜地区】内蒙古自治区的通辽、赤峰、兴安盟地区，吉林省的松原、白城、长春、四平地区，黑龙江省的第一、二积温带等≥10 ℃活动积温 2 300 ℃以上的地区。

【选育人员】李继洪、高士杰、陈冰嬬、李伟、李淑杰、高明超、胡喜连、侯佳明、王阳、高鸣。

吉杂 218（Jiza No. 218）

【品种来源】以 5575A（2055B×7050B）为母本，以 06H419（白 9576×南 133）为父本，于 2008 年组配而成。2014 年，经吉林省农作物品种审定委员会审定推广，审定编号为吉审粱 2014005。2018 年，申请国家非主要农作物品种登记，登记编号为 GPD 高粱（2018）220117。

【特征特性】幼苗绿色，芽鞘绿色，叶缘绿色。株高 157.9 cm，成株叶片 18 片，根系发达。穗长 25.9 cm，筒形，紧穗，穗粒重 93.2 g，褐红壳。籽粒圆形，黄红色，千粒重 29.8 g，角质率 33.3%，着壳率 6.4%。籽粒含粗蛋白 8.6%、粗脂肪 3.4%、粗淀粉 74.87%、单宁 1.41%。中抗丝黑穗病，三年田间自然丝黑穗病发病率为 0。

【产量表现】2012—2013 年，吉林省区域试验平均公顷产量 9 139.3 kg/hm^2。2013 年，吉林省生产试验，平均产量 8 522.4 kg/hm^2。

【栽培要点】一般 5 月上中旬播种，播种量 10～12 kg/hm^2。公顷保苗 12 万～14 万株。施足底肥，播种时，施肥磷酸二铵 200 kg/hm^2，拔节初期追尿素 200～300 kg/hm^2。

【适宜地区】吉林省的白城、松原、长春的部分区域，黑龙江省第一、二积温带和内蒙古自治区东部等地区。

【选育人员】王鼐、石贵山、刘红欣、闫鸿雁、王江红、李伟、李光华、马英慧、陈冰嫣、梁军、檀辉、栾晓芳。

吉杂 319（Jiza No. 319）

【品种来源】以自选不育系 515A 为母本，以自选恢复系 501R 为父本，于 2005 年组配育成。2012 年，经全国农业技术推广服务中心审定推广，审定编号为国品鉴梁 2012001。

【特征特性】籽粒椭圆形，红色，千粒重 33.6 g，幼苗绿色，株高 175.2 cm，19 片叶。穗长 31.0 cm，穗粒重 102.5 g，纺锤形穗，穗型中紧，黑红壳，着壳率 9.7%。椭圆形粒，红色，千粒重 30.8 g，角质率 30%。中熟种，出苗至成熟 123 d。需≥10 ℃活动积温 2 500～2 600 ℃。米质粳性，恢复性 95.2%。籽粒含粗蛋白 9.54%、粗淀粉 74.8%、赖氨酸 0.25%、单宁 1.12%。秆强抗倒伏，耐旱性强，抗蚜虫，高抗叶斑病。

【产量表现】2010—2011 年，吉林省区域试验平均产量 9 634.5 kg/hm^2，2011 年，吉林省生产试验平均产量 9 267 kg/hm^2。在一般肥力条件下，产量 9 000 kg/hm^2；在栽培条件较好的情况下，产量可达 10 000 kg。2010 年，全国平均亩产 649.6 kg，居第 4 位，比对照敖杂 1 号增产 17.4%，比对照四杂 25 增产 6.0%。

【栽培要点】喜肥水，5 月中上旬播种，播前可用防丝黑穗病的种衣剂进行处理，一般保苗 12 万株/hm^2 左右，播种深度 3.0 cm。播种时，每公顷施玉米复合肥 200 kg，拔节时追施氮肥，也可打垄时公顷施玉米复合肥200 kg、尿素 200～250 kg，生育期间不追肥。

【适宜区域】吉林省中、西部，黑龙江省南部等种植四杂 25 的地区。

【选育人员】周紫阳、李光华、马英慧、王江红、闫鸿雁。

吉杂 355（Jiza No. 355）

【品种来源】以自选不育系 09HV45A 为母本，以自选恢复系 YN141R 为父本，于 2007 年组配而成。2012 年，经吉林省农作物品种审定委员会审定推广，审定编号为吉审粱 2012001。

【特征特性】种子籽粒圆形，白色粒，千粒重 27.8 g，幼苗紫绿色，株高 175.6 cm，18 片叶。穗长 28.7 cm，单穗粒重 115.4 g，筒状穗，穗型中紧，红壳红粒，籽粒圆形，千粒重 28.8 g，角质率 30%，单穗粒数 3 500～4 000 粒，容重 758 g/L。籽粒含粗蛋白 8.78%、淀粉 76.11%、脂肪 3.40%、单宁 1.09%。中抗丝黑穗病，高抗叶斑病。中熟品种，出苗至成熟 118～123 d，需≥10 ℃活动积温 2 550～2 700 ℃。

【产量表现】2010 年，吉林省区域试验平均公顷产量 8 999.2 kg，比对照四杂 25 增产 13.8%。2011 年，吉林省区域试验平均公顷产量 9 765.1 kg，比对照四杂 25 增产 11.7%。两年区域试验平均公顷产量 9 382.15 kg，比对照四杂 25 增产 12.8%。2011 年，吉林省生产试验，平均公顷产量 8 840.0 kg，比对照四杂 25 增产 10.9%。

【栽培要点】5 月中上旬播种，公顷播量 10～15 kg。公顷保苗 10 万～12 万株。覆土深度 3 cm，播种时每公顷施玉米复合肥 200 kg，拔节时追施氮肥，也可在起垄时公顷施玉米复合肥 200 kg、尿素 200～250 kg，生育期间不追肥。

【适宜地区】吉林省中、西部地区，以及黑龙江省三肇地区和内蒙古东部地区。

【选育人员】闫鸿雁、张学军、梁军、周紫阳、马英慧、李光华、王江红、胡月。

吉杂 356（Jiza No. 356）

【品种来源】以自选不育系 09HV45A 为母本，以自选优质米恢复系 09YN207R 为父本，于 2007 年组配而成。2013 年，经吉林省农作物品种审定委员会审定推广，审定编号为吉审粱 2013009。

【特征特性】种子籽粒圆形，白色粒，千粒重 27.6 g，幼苗紫绿色，根系发达，株高 179.4 cm，18 片叶。粮食果穗筒状穗，穗型中紧，红壳，橘黄白粒，千粒重 28.8 g，角质率 30%，穗长 28.8 cm，单穗粒重 108.7 g，单穗粒数 3 700～4 100 粒，容重 755 g/L，着壳率 5.1%。籽粒含粗蛋白 8.34%、淀粉 73.34%、脂肪 3.38%、单宁 0.10%、赖氨酸 0.27%。中抗丝黑穗病，高抗叶斑病。中熟品种，出苗至成熟 119 d 左右，需≥10 ℃活动积温 2 550～2 700 ℃。

【产量表现】2011 年，吉林省区域试验平均公顷产量 9 672.4 kg，比对照四杂 25 增产 10.6%。2012 年，吉林省区域试验平均公顷产量 9 279.5 kg，比对照四杂 25 增产 11.5%。两年区域试验平均公顷产量 9 475.95 kg，比对照四杂 25 增产 11.1%。2012 年，吉林省生产试验，平均公顷产量 10 531.5 kg，比对照四杂 25 增产 14.4%。

【栽培要点】5 月中上旬播种，公顷播量 10～15 kg，公顷保苗 10 万株，覆土深度 3 cm。播种时每公顷施复合肥 200 kg，拔节时追施氮肥，也可在起垄时公顷施玉米复合肥 200 kg、尿素 200～250 kg，生育期间不追肥。

【适宜地区】吉林省中、西部地区，黑龙江省三肇地区，内蒙古自治区东三盟地区。

【选育人员】闫鸿雁、梁军、胡月、张学军、栾金花、张小军、马英慧、李光华、王江红、檀辉、李翠丽、高大勇。

吉杂 357（Jiza No. 357）

【品种来源】 以自选不育系 3148A 为母本，以自选恢复系 09YN42R 为父本，于 2007 年组配而成。2014 年，经吉林省农作物品种审定委员会审定推广，审定编号为吉审粱 2014001。

【特征特性】 种子籽粒椭圆形，浅棕色粒，千粒重 30 g。幼苗绿色，根系发达，株高 170 cm，17 片叶。粮食果穗纺锤形，穗型中紧，红壳，红粒，千粒重 27.2 g，角质率 22.2%，穗长 29.1 cm，单穗粒重 92.4 g，单穗粒数 3 300～4 000 粒，容重 708 g/L，着壳率 1.6%。籽粒含粗蛋白 9.04%、淀粉 74.57%、脂肪 3.03%、单宁 1.29%。中抗丝黑穗病，高抗叶斑病。早熟品种，出苗至成熟 117～120 d，需≥10 ℃活动积温 2 500～2 650 ℃。

【产量表现】 2011 年，吉林省区域试验平均公顷产量 9 108.5 kg，比对照吉杂 118 增产 7.1%；2012 年，吉林省区域试验平均公顷产量 9 738.3 kg，比对照吉杂 118 增产 6.9%。两年区域试验平均公顷产量 9 423.4 kg，比对照吉杂 118 增产 7.0%。2013 年，吉林省生产试验，平均公顷产量 8 863.0 kg，比对照吉杂 118 增产 9.5%。

【栽培要点】 5 月中上旬播种，公顷播量 10～15 kg。公顷保苗 12 万株，覆土深度 3 cm。播种时每公顷施玉米复合肥 200 kg，拔节时追施氮肥，也可在起垄时公顷施玉米复合肥 200 kg、尿素 200～250 kg，生育期间不追肥。

【适宜地区】 吉林省松原、白城和长春的部分地区，以及内蒙古自治区的东部和黑龙江省的第一、二积温带。

【选育人员】 闫鸿雁、梁军、胡月、马英慧、张岩、张小军、窦忠玉、檀辉、李光华、王江红、高忠、徐晨、杨永志。

吉杂 359（Jiza No. 359）

【品种来源】以自选不育系 3148A 为母本，以自选恢复系 09YN34R 为父本，于 2008 年组配而成。2013 年，经吉林省农作物品种审定委员会审定推广，审定编号为吉审粱 2013002。

【特征特性】种子籽粒圆形，浅棕色粒，千粒重 30 g，幼苗绿色，根系发达，株高 171.2 cm，17 片叶。粮食果穗纺锤形，穗型中紧，红壳，红粒，籽粒圆形，千粒重 30.1 g，角质率 22.2%，穗长 28.1 cm，单穗粒重 93.8 g，单穗粒数 3 000～3 500 粒，容重 724 g/L，着壳率 4.2%。籽粒含粗蛋白 9.43%、淀粉 74.06%、脂肪 2.91%、单宁 1.56%。中抗丝黑穗病，高抗叶斑病。早熟品种，出苗至成熟 117～120 d，需≥10 ℃活动积温 2 500～2 650 ℃。

【产量表现】2011 年，吉林省区域试验平均公顷产量 9 328.2 kg，比对照吉杂 118 增产 9.6%。2012 年，吉林省区域试验平均公顷产量 9 922.1 kg，比对照吉杂 118 增产 9.0%。两年区域试验平均公顷产量 9 625.15 kg，比对照吉杂 118 增产 9.3%。2012 年，吉林省生产试验，平均公顷产量 9 045.4 kg，比对照吉杂 118 增产 6.5%。

【栽培要点】5 月中上旬播种，公顷播量 10～15 kg，公顷保苗 12 万株，覆土深度 3 cm。播种时每公顷施玉米复合肥 200 kg，拔节时追施氮肥，也可在起垄时公顷施玉米复合肥 200 kg、尿素 200～250 kg，生育期间不追肥。

【适宜地区】吉林省松原、白城和长春的部分地区，以及内蒙古自治区的东部，黑龙江省的第一、二积温带。

【选育人员】闫鸿雁、梁军、胡月、张小军、栾金花、张学军、马英慧、李光华、王江红、檀辉、李翠丽、高大勇。

吉杂 362（Jiza No. 362）

【品种来源】以自选不育系 HV1043A 为母本，以自选优质恢复系 YN1078R 为父本，于 2009 年组配而成。2015 年，经吉林省农作物品种审定委员会审定推广，审定编号为吉审粱 2015005。

【特征特性】种子籽粒圆形，白粒，千粒重 27.6 g。幼苗绿色，18 片叶，株高 166.7 cm，根系发达。粮食果穗纺锤形，穗型中散，黄红壳，黄红粒，千粒重 25.3 g，角质率 27.8%，穗长 28.8 cm，单穗粒重 96.3 g，单穗粒数 3 800～4 000 粒，容重 724 g/L，着壳率 7.7%。籽粒含粗蛋白 8.33%、淀粉 75.04%、脂肪 3.29%、单宁 1.56%。中抗丝黑穗病，高抗叶斑病。中早熟种，出苗至成熟 116 d 左右，需≥10 ℃活动积温 2 450～2 550 ℃。

【产量表现】2013 年，吉林省区域试验平均公顷产量 9 291.3 kg，比对照四杂 25 增产 5.9%。2014 年，吉林省区域试验平均公顷产量 9 738.2 kg，比对照四杂 25 增产 7.4%。两年区域试验平均公顷产量 9 514.75 kg，比对照四杂 25 增产 6.7%。2014 年，吉林省生产试验平均公顷产量 9 029.2 kg，比对照四杂 25 增产 8.7%。

【栽培要点】5 月中上旬播种，公顷播量 10～15 kg，公顷保苗 10 万～12 万株。覆土深度 3 cm，播种时每公顷施玉米复合肥 200 kg，拔节时追施氮肥，也可在起垄时公顷施玉米复合肥 200 kg、尿素 200～250 kg，生育期间不追肥。

【适宜地区】吉林省中、西部地区，黑龙江省第一、二积温带，内蒙古自治区东部。

【选育人员】闫鸿雁、梁军、王江红、李红、栾天浩、胡月、马英慧、李光华、杜吉到、檀辉、张小军、窦忠玉、窦金光。

谷子品种

吉林省农业科学院作物资源研究所品种志

公矮 2 号（Gongai No. 2）

【品种来源】 以夏谷矮 88×春谷 79128 的衍生系为母本，以夏谷郑矮 2 号×春谷 80026 的衍生系为父本，于 1995 年杂交选育而成。2004 年，经吉林省农作物品种审定委员会审定推广，审定编号为吉审谷 2004002。

【特征特性】 籽实圆形，种皮粗糙，谷黄色，米鲜黄色，粳性，千粒重 3.0 g，穗长 24.0 cm，单穗粒重 17.9 g，穗呈长纺锤形，穗松紧中等，刺毛长度中等，幼苗叶片、叶鞘均绿色。株高 108 cm。生育期 128 d 左右，高抗白发病，抗丝黑穗病、谷瘟病，抗粟秆蝇，适应性强。

【产量表现】 2002—2003 年，吉林省区域试验平均产量 5 166.8 kg/hm^2，比对照平均增产 13.56%；2003 年，吉林省生产试验平均产量 5 334.5 kg/hm^2，比对照平均增产 9.37%。在一般肥力条件下，公顷产量 5 000 kg；在栽培条件较好的情况下，公顷产量可达 7 000 kg。

【栽培要点】 适宜播期为 4 月下旬，及时间苗，公顷保苗 80 万株左右，每公顷播量 10 kg 左右。注意防治地下害虫，及时防治黏虫。

【适宜地区】 吉林省中、西部地区及其与辽宁省相邻的地区。

【选育人员】 刘晓辉、高士杰、杨明、晋齐鸣、胡喜连、王明海、郭中校、李淑杰、李伟、李继洪、邓文生、栾天浩。

公矮 3 号（Gongai No. 3）

【品种来源】以夏谷矮 88 为母本，春谷 880020 为父本，于 1993 年杂交组配而成。2005 年，经吉林省农作物品种审定委员会审定推广，审定编号为吉审谷 2005002。

【特征特性】籽实圆形，种皮粗糙，谷深黄色，米黄色，粳性，千粒重 3.07 g，穗长 20.33 cm，单穗粒重 13.97 g，穗呈纺锤形，穗松紧中等，刺毛长度中等，幼苗叶片、叶鞘均绿色。株高 107.2 cm。生育期 125 d 左右，高抗白发病、谷瘟病，抗黑种病、粟秆蝇，适应性强。籽粒含粗蛋白 13.01%、脂肪 3.08%、赖氨酸 0.26%，每 100 g 脱脂米粉含直链淀粉 15.57 g。

【产量表现】2003—2004 年，吉林省区域试验平均产量 4 919.0 kg/hm^2，比对照平均增产 7.49%；2004 年，吉林省生产试验平均产量 4 450.0 kg/hm^2，比对照平均增产 10.95%。

【栽培要点】适宜播期为 4 月下旬，及时间苗，公顷保苗 80 万株左右，每公顷播量 10 kg 左右。注意防治地下害虫，及时防治黏虫。

【适宜地区】吉林省中、西部地区及其与辽宁省相邻的地区。

【选育人员】刘晓辉、高士杰、李淑杰、杨明、李继洪、高忠、李伟、胡喜连、邓文生、栾天浩、王明海、苏颖。

公谷 68（Gonggu No. 68）

【品种来源】 1986 年，以公谷 62 为母本，自选系 80026 为父本配制杂交组合，经有性杂交，多代选育而成。2001 年，经吉林省农作物品种审定委员会审定推广，审定编号为吉审谷 2001001。

【特征特性】 幼苗叶片、叶鞘均为绿色，株高 160 cm，穗长 25.9 cm，单穗粒重 20.3 g，千粒重 3.0 g，出米率 80%。品质优良，籽粒含粗蛋白 12.3%、脂肪 4.04%、赖氨酸 0.25%，每 100 g 脱脂米粉含直链淀粉 18.1 g，胶稠度 126 mm，糊化温度 1.8（碱消值）。抗倒伏，抗旱，抗谷瘟病、丝黑穗病。从出苗至成熟 125 d 左右。

【产量表现】 1998—2000 年，吉林省区域试验平均产量 4 178.0 kg/hm^2，比对照增产 5.8%；1999—2000 年，吉林省生产试验平均产量 4 282.1 kg/hm^2，比对照增产 7.3%。

【栽培要点】 4 月下旬播种为宜，覆土深度 3～5 cm，及时间苗，公顷保苗 65 万株左右，公顷播量 10 kg 左右。注意防治地下害虫，及时防治黏虫。

【适宜地区】 吉林省中、西部地区及其与辽宁省、黑龙江省相邻的地区。

【选育人员】 刘晓辉、王绍仁、杨明、高士杰、高忠、王明海、李淑杰、李伟、李继洪、苏颖、胡喜连、邓文生。

公谷 69（Gonggu No. 69）

【品种来源】 以夏谷宝谷 30－5 为母本，以春谷公谷 61 为父本，经多代杂交，于 1986 年选育而成。2002 年，经吉林省农作物品种审定委员会审定推广，审定编号为吉审谷 2002001。

【特征特性】 籽实圆形，种皮粗糙，谷深黄色，米色鲜黄，粳性，千粒重 3.1 g，穗长 26 cm，穗呈纺锤形，穗松紧中等，幼苗叶片、叶鞘均绿色，株高 156 cm，生育期 126 d，高抗谷瘟病、丝黑穗病，轻感白发病，抗粟秆蝇、玉米螟。籽粒含粗蛋白 14.54%、脂肪 3.72%、赖氨酸 0.27%，每 100 g 脱脂米粉含直链淀粉 14.6 g。胶稠度 98 mm，糊化温度 1.8（碱消值）。

【产量表现】 1999—2000 年，吉林省区域试验平均产量 3 941.5 kg/hm^2，比对照增产 3.38%；2001 年，吉林省生产试验平均产量 3 211.9 kg/hm^2，比对照增产 16.02%。

【栽培要点】 4 月下旬播种为宜，覆土深度 3～5 cm，公顷播种量 10 kg，及时间苗，每公顷保苗 65 万株左右，注意防治地下害虫，及时防治黏虫，适时适量施肥。

【适宜地区】 吉林省的中、西部地区及其与辽宁省、黑龙江省相邻的地区。

【选育人员】 刘晓辉、王绍仁、杨明、高士杰、王明海、高忠、王树发、胡喜连、李继洪、李伟、李淑杰、邓文生。

公谷 70（Gonggu No. 70）

【品种来源】以硬穗谷为母本，以 79127－8 为父本配制杂交组合，于 1988 年经系统选育而成。2003 年，经吉林省农作物品种审定委员会审定推广，审定编号为吉审谷 2003009。

【特征特性】籽实圆形，种皮粗糙，谷深黄色，米鲜黄色，粳性，千粒重 3.1 g，穗长 29.3 cm，单穗粒重 17.6 g，穗呈长筒状，穗松紧中等，刺毛长度中等，幼苗叶片、叶鞘均绿色，株高 15 cm，生育期 122 d 左右，高抗白发病，抗丝黑穗病、谷瘟病、粟秆蝇、玉米螟，适应性强。籽粒含粗蛋白 12.26％、脂肪 4.14％、赖氨酸 0.26％。

【产量表现】2001—2002 年，吉林省区域试验平均产量 4 733.8 kg/hm^2，比对照平均增产 15.59％；2002 年，吉林省生产试验平均产量 7 093.5 kg/hm^2，比对照平均增产 5.0％。

【栽培要点】4 月下旬播种为宜，覆土深度 3～5 cm，及时间苗，公顷保苗 65 万株左右，每公顷播量 10 kg 左右。注意防治地下害虫，及时防治黏虫。

【适宜地区】吉林省中、西部地区及其与辽宁省、黑龙江省相邻的地区。

【选育人员】刘晓辉、高士杰、李伟、李淑杰、李继洪、邓文生、宋桂芹、杨明、王明海、王树发、高忠、胡喜连。

公谷 71（Gonggu No. 71）

【品种来源】 以 84043 为母本，以公谷 29 为父本配制组合，经多代杂交，于 1990 年选育而成。2004 年，经吉林省农作物品种审定委员会审定推广，审定编号为吉审谷 2004003。

【特征特性】 籽实圆形，种皮粗糙，谷黄色，米色鲜黄，粳性，千粒重 3.05 g，穗长 24.7 cm，单穗粒重 18.9 g，穗呈长纺锤形，穗松紧中等，刺毛长度中等，幼苗叶片、叶鞘均绿色。株高 141 cm，生育期 122.5 d 左右，高抗白发病，抗丝黑穗病、谷瘟病、粟秆蝇、玉米螟，适应性强。籽粒粗蛋白、赖氨酸含量高，分别为 15.22%和 0.27%。

【产量表现】 2001—2002 年，吉林省区域试验平均产量 3 986.2 kg/hm^2，与对照相比平产；2003 年，吉林省生产试验平均产量 5 082.5 kg/hm^2，比对照增产 6.99%。

【栽培要点】 适宜播期为 4 月下旬，及时间苗，公顷保苗 65 万株左右，每公顷播量 10 kg 左右。注意防治地下害虫，及时防治黏虫。

【适宜地区】 吉林省中、西部地区及其与辽宁省、黑龙江省相邻的地区。

【选育人员】 刘晓辉、高士杰、杨明、胡国宏、李继洪、宋淑云、栾天浩、胡喜连、邓文生、刘洪欣、李淑杰、李伟。

公谷 72（Gonggu No. 72）

【品种来源】以 830026 为母本，以四谷 1 号为父本，于 1990 年杂交选育而成。2005 年，经吉林省农作物品种审定委员会审定推广，审定编号为吉审谷 2005001。

【特征特性】籽实圆形，种皮粗糙，谷黄色，米色鲜黄，粳性，千粒重 3.15 g，穗长 23.14 cm，单穗粒重 21.42 g，穗呈长纺锤形，穗松紧中等，刺毛长度中等，幼苗叶片、叶鞘均绿色。株高 150.1 cm。生育期 123 d 左右，高抗谷瘟病，抗丝黑穗病、白发病、粟秆蝇、玉米螟，适应性强。

【产量表现】2003—2004 年，吉林省区域试验平均产量 4 919.6 kg/hm^2，比对照平均增产 7.33%；2004 年，吉林省生产试验平均产量 4 914.8 kg/hm^2，比对照平均增产 20.98%。

【栽培要点】适宜播期为 4 月下旬，及时间苗，公顷保苗 65 万株左右，每公顷播量 10 kg 左右。注意防治地下害虫，及时防治黏虫。

【适宜地区】吉林省中、西部地区及其与辽宁省、黑龙江省相邻的地区。

【选育人员】刘晓辉、李淑杰、高士杰、杨明、李继洪、高忠、李伟、胡喜连、邓文生、栾天浩、王明海、苏颖。

公矮 4 号（Gongai No. 4）

【品种来源】以春谷 80026 为母本，以夏谷郑矮 2 号为父本，于 1993 年杂交选育而成。2006 年，经吉林省农作物品种审定委员会审定推广，审定编号为吉审谷 2006002。

【特征特性】幼苗叶片、叶鞘均绿色，秆高 136.5 cm。穗呈长筒状，穗长 23.15 cm，单穗粒重 15.47 g，刺毛长度中等，穗松紧中等。籽实圆形，黄色，种皮粗糙，千粒重 3.2 g。籽粒含粗蛋白 13.38%、脂肪 3.03%、赖氨酸 0.25%、直链淀粉 18.98%，胶稠度 121 mm，糊化温度 5.1（碱消值），含维生素 B_1 6.7 mg/kg、硒 3.23 μg/kg。整米率 98%，出米率 82%，适口性佳。高抗白发病、谷瘟病，抗丝黑穗病，玉米螟田间发病很轻，适应性强。从出苗至成熟 122 d 左右。

【产量表现】2003—2004 年，吉林省区域试验籽实平均公顷产量 5 139.5 kg，比对照平均增产 11.22%。2004 年，吉林省生产试验籽实平均公顷产量 4 621.1 kg，比对照平均增产 13.65%。

【栽培要点】一般 4 月下旬播种，公顷播量 10 kg，公顷保苗 70 万株左右。播种时，每公顷施种肥磷酸二铵 150 kg，拔节期追肥每公顷施尿素 150～200 kg。田间管理：及时间、定苗；播种时撒毒谷，防治地下害虫，6 月下旬注意防治黏虫，生育后期注意防治玉米螟。

【适宜地区】吉林省中、西部地区及其与辽宁省、黑龙江省相邻的地区。

【选育人员】刘晓辉、李淑杰、高士杰、杨明、李继洪、胡喜连、李伟、高忠、栾天浩、李玉普、檀辉、邓文生。

公矮 5 号（Gongai No. 5）

【品种来源】 以夏谷矮 88 为母本，以春谷四谷 2 号为父本，于 1993 年杂交选育而成。2007 年，经吉林省农作物品种审定委员会审定推广，审定编号为吉登谷 2007001。

【特征特性】 幼苗、叶片均为绿色，叶鞘浅红色，株高 117.5 cm。穗呈长筒状，穗长 25.1 cm，单穗粒重 14.1 g，穗松紧中等，刺毛长度中等。籽实圆形，谷黄色，米黄色，粳性，种皮粗糙，千粒重 3.1 g。从出苗至成熟 124 d 左右。抗白发病、谷瘟病、丝黑穗病，适应性强。籽粒含粗蛋白 10.62%、脂肪 2.37%、赖氨酸 0.22%、直链淀粉 19.84%，胶稠度 116 mm，糊化温度 2.08（碱消值），含维生素 B_1 3.8 mg/kg、硒 27.09 μg/kg。整米率 98%，出米率 80%，外观品质好，适口性佳。

【产量表现】 2005—2006 年，吉林省区域试验籽实平均公顷产量 4 496.4 kg，比对照平均增产 6.56%。2006 年，吉林省生产试验籽实平均公顷产量 4 186.7 kg，比对照平均增产 9.57%。

【栽培要点】 4 月下旬至 5 月初播种；公顷保苗 65 万株；施足底肥，种肥施磷酸二铵 150 kg/hm^2，拔节期追肥尿素 150～200 kg/hm^2。播种时撒毒谷，防治地下害虫，6 月下旬注意防治黏虫，生育后期注意防治玉米螟。

【适宜地区】 吉林省中、西部地区。

【选育人员】 李淑杰、刘晓辉、胡喜连。

公矮 6 号（Gongai No. 6）

【品种来源】以夏谷矮 88 为母本，以 860092－30 为父本，于 1994 年杂交选育而成。2009 年，经吉林省农作物品种审定委员会审定推广，审定编号为吉登谷 2009001。

【特征特性】幼苗叶片、叶鞘均绿色，秆高 116.2 cm。穗呈纺锤状，穗长 20.8 cm，单穗粒重 15.5 g，刺毛较短，穗松紧中等。籽实圆形，深黄色，种皮粗糙，千粒重 3.23 g。籽粒含粗蛋白 11.86%、脂肪 2.36%、赖氨酸 0.20%、直链淀粉 19.46%，胶稠度 132.5 mm，糊化温度 4.4（碱消值），含维生素 B_1 5.3 mg/kg、硒 8 μg/kg。整米率 98%，出米率 81%，适口性佳。抗白发病、谷瘟病，中抗丝黑穗病，玉米螟田间发病轻，适应性强。从出苗至成熟 120 d 左右。

【产量表现】2007—2008 年，吉林省区域试验籽实平均公顷产量 5 184.8 kg，比对照平均增产 11.05%。2008 年，吉林省生产试验籽实平均公顷产量 4 828.9 kg，比对照平均增产 16.9%。

【栽培要点】一般 4 月下旬播种。公顷播量 7.5 kg。公顷保苗 70 万株左右。播种时，每公顷施种肥磷酸二铵 150 kg，拔节期追肥每公顷施尿素 150～200 kg。及时间苗、定苗；播种时撒毒谷，防治地下害虫，6 月下旬注意防治黏虫，生育后期注意防治玉米螟。

【适宜地区】吉林省中、西部地区及其与辽宁省、黑龙江省相邻的地区。

【选育人员】李淑杰、胡喜连、高士杰、李继洪、刘晓辉、栾天浩、李翠丽、李伟、檀辉、王阳、邓文生。

公谷 73（Gonggu No. 73）

【品种来源】以 79128 为母本，以硬穗谷为父本，于 1984 年杂交选育而成。2006 年，经吉林省农作物品种审定委员会审定推广，审定编号为吉审谷 2006001。

【特征特性】幼苗叶片、叶鞘均绿色，秆高 146.1 cm。穗呈纺锤状，穗长 23.38 cm，单穗粒重 18.3 g，穗松紧中等，刺毛长度中等。籽实圆形，黄色，种皮粗糙，千粒重 3.23 g。籽粒含粗蛋白 11.27%、脂肪 3.04%、赖氨酸 0.22%、直链淀粉 19.96%，胶稠度 137 mm，糊化温度 4.4（碱消值），含维生素 B_1 5.6 mg/kg、整米率 98%，出米率 83%，适口性佳。抗谷子白发病、丝黑穗病，高抗谷瘟病，玉米螟田间发病较轻，适应性强。从出苗至成熟 123 d左右。

【产量表现】2003—2004 年，吉林省区域试验平均产量 4 992.5 kg/hm^2，比对照平均增产 8.34%；2004 年，吉林省生产试验平均产量 5 040.0 kg/hm^2，比对照平均增产 23.58%。

【栽培要点】一般 4 月下旬播种，公顷播量 10 kg，公顷保苗 65 万株左右。播种时，每公顷施种肥磷酸二铵 150 kg，拔节期追肥每公顷施尿素 150～200 kg。及时间苗、定苗；播种时撒毒谷，防治地下害虫，6 月下旬注意防治黏虫，生育后期注意防治玉米螟。

【适宜地区】吉林省中、西部地区及其与辽宁省、黑龙江省相邻的地区。

【选育人员】刘晓辉、李淑杰、杨明、胡喜连、李继洪、高士杰、李伟、苏颖、栾天浩、檀辉、王明海、邓文生。

公谷 74（Gonggu No. 74）

【品种来源】以硬穗谷为母本，以 79127－5 为父本，于 1986 年杂交选育而成。2009 年，经吉林省农作物品种审定委员会审定推广，审定编号为吉登谷 2009002。

【特征特性】幼苗叶片、叶鞘均绿色，秆高 161.1 cm。穗呈长纺锤状，穗长 26.5 cm，单穗粒重 18.3 g，穗松紧中等，刺毛长度中等。籽实圆形，黄色，种皮粗糙，千粒重 2.94 g。籽粒含粗蛋白 10.04%、脂肪 2.14%、赖氨酸 0.19%、直链淀粉 17.92%，胶稠度 135.0 mm，糊化温度 3.6（碱消值），含维生素 B_1 4.7 mg/kg。整米率 98%，出米率 83%，适口性佳。抗白发病、谷瘟病，中抗丝黑穗病，玉米螟田间发病较轻，适应性强。从出苗至成熟 122 d 左右。

【产量表现】2007—2008 年，吉林省区域试验籽实平均公顷产量 4 943.1 kg，比对照平均增产 7.77%。2008 年，吉林省生产试验籽实平均公顷产量 4 656.9 kg，比对照平均增产 13.5%。

【栽培要点】一般 4 月下旬播种。公顷播量 7.5 kg。公顷保苗 60 万株左右。播种时，每公顷施种肥磷酸二铵 150 kg，拔节期追肥每公顷施尿素 150～200 kg。及时间苗、定苗；播种时撒毒谷，防治地下害虫，6 月下旬注意防治黏虫，生育后期注意防治玉米螟。

【适宜地区】吉林省中、西部地区及其与辽宁省、黑龙江省相邻的地区。

【选育人员】李淑杰、胡喜连、刘晓辉、高士杰、李继洪、李翠丽、栾天浩、李伟、王阳、檀辉、邓文生。

公谷 75（Gonggu No. 75）

【品种来源】以 8132 为母本，公谷 63 为父本，经人工有性杂交，于 1996 年选育而成。2009 年，经全国谷子品种鉴定委员会审定推广，审定编号为国品鉴谷 2009016。

【特征特性】籽实圆形，种皮粗糙，谷黄色，米黄色，粳性。千粒重3.15 g，穗长 23.2 cm，单穗重 21.2 g，单穗粒重 17.3 g，穗呈纺锤状，穗松紧中等，刺毛长度中等。幼苗、叶片均绿色，叶鞘浅红色，秆高 149.7 cm。生育期 125 d 左右，高抗白发病、丝黑穗病，抗谷瘟病，适应性强。籽粒含粗蛋白 11.93%、脂肪 3.80%、赖氨酸 0.28%、直链淀粉 17.56%，胶稠度 133.5 mm，糊化温度 3.7（碱消值），含硒 20.0 μg/kg。整米率 98%，出米率 74.4%，适口性佳。

【产量表现】2008 年，国家区域试验（东北春谷区组）平均亩产 390.5 kg，较对照公谷 60 增产 8.62%；2009 年，国家区域试验平均亩产 350.7 kg，较对照公谷 60 增产 8.92%。两年区试平均亩产 370.6 kg，较对照公谷 60 增产 8.71%，居 2008—2009 年参试品种第一位。2009 年，国家生产试验平均亩产 377.8 kg，较对照公谷 60 增产 11.41%。

【栽培要点】4 月下旬至 5 月上旬播种。公顷播量 7.5 kg。公顷保苗 60 万株左右；每公顷施种肥磷酸二铵 150 kg，拔节期追肥每公顷施尿素 150～200 kg；及时间苗、定苗；播种时撒毒谷，防治地下害虫，6 月下旬注意防治黏虫。

【适宜地区】吉林省中、西部地区及其与辽宁省、黑龙江省相邻的地区。

【选育人员】李淑杰、胡喜连、高鸣、高士杰、李继洪、王阳、李伟、李翠丽、陈冰嬬、檀辉、栾天浩。

公矮 8 号（Gongai No. 8）

【品种来源】以夏谷郑矮 2 号为母本，以春谷 860092 - 30 为父本，于 1995 年杂交选育而成。2011 年，经吉林省农作物品种审定委员会审定推广，审定编号为吉登谷 2011001。

【特征特性】幼苗叶片、叶鞘均绿色，秆高 110.85 cm。穗呈纺锤状，穗长 24.21 cm，单穗粒重 15.05 g，刺毛较短，穗松紧中等。籽实圆形，深黄色，种皮粗糙，千粒重 3.12 g。籽粒含粗蛋白 15.04%、脂肪 4.43%、赖氨酸 0.25%、直链淀粉 18.22%，胶稠度 138.5 mm，糊化温度 3.3（碱消值），含维生素 B_1 3.1 mg/kg、硒 37 μg/kg。整米率 97%，出米率 80%，适口性佳。

【产量表现】2009—2010 年，吉林省区域试验平均籽实公顷产量 4 627.7 kg，较对照公谷 60 增产 8.05%。2010 年，吉林省生产试验籽实平均公顷产量 5 114.3 kg，比对照公谷 60 增产 9.76%。

【栽培要点】4 月下旬播种，公顷播量 7.5 kg；公顷保苗 70 万株，及时间苗、定苗；施足底肥，适时适量追肥；播种时撒毒谷，防治地下害虫，及时防治黏虫，在生育后期注意防治玉米螟。

【适宜地区】吉林省的中、西部地区。

【选育人员】李淑杰、胡喜连、高士杰、李继洪、王阳、高鸣、李伟、李翠丽、陈冰嬬、檀辉、栾天浩。

公谷 76（Gonggu No. 76）

【品种来源】以 830026－7 为母本，以长谷 2 号为父本，于 1998 年杂交选育而成。2013 年，经吉林省农作物品种审定委员会审定推广，审定编号为吉登谷 2013001。

【特征特性】籽实圆形，深黄色，种皮粗糙，千粒重 3.0 g。穗呈长筒状，穗长 24.1 cm，单穗粒重 19.8 g，刺毛长度中等，穗松紧中等。幼苗芽鞘浅红色、叶片绿色，秆高 135.1 cm。从出苗至成熟 120 d 左右。抗谷子白发病，抗谷瘟病，中抗丝黑穗病，玉米螟田间发病很轻，适应性强。籽粒含粗蛋白 9.64%、脂肪 3.91%、赖氨酸 0.27%、直链淀粉 16.90%，胶稠度117.5 mm，糊化温度 3.1（碱消值），含维生素 B_1 3.7 mg/kg、硒 10 μg/kg，整米率 97%，出米率 80%。

【产量表现】2011—2012 年，吉林省区域试验平均籽实公顷产量5 290.1 kg，较对照公谷 71 增产 8.3%。2012 年，吉林省生产试验籽实平均公顷产量 4 596.9 kg，比对照公谷 71 增产 9.1%。

【栽培要点】播种期为 4 月下旬，每公顷播量 7.5 kg；公顷保苗 60 万株，及时间苗、定苗；施足底肥，适量适时追肥；播种时撒毒谷，防治地下害虫，及时防治黏虫，在生育后期注意防治玉米螟。

【适宜地区】吉林省中、西部地区及其与辽宁省、黑龙江省相邻的地区。

【选育人员】李淑杰、高鸣、胡喜连、高士杰、李继洪、王阳、李伟、李翠丽、陈冰嫣、檀辉、侯长余。

公谷 77（Gonggu No. 77）

【品种来源】以矮 88 为母本，以 880020－1－1－5 品系为父本，于 1998 年杂交选育而成。2015 年，经吉林省农作物品种审定委员会审定推广，审定编号为吉登谷 2015001。

【特征特性】幼苗芽鞘浅紫色、幼苗叶片绿色，秆高 106.0 cm；籽实圆形，深黄色，种皮粗糙，千粒重 3.3 g；穗呈长筒状，穗长 23.1 cm，单穗粒重 14.7 g，刺毛长度中等。穗松紧中等。抗谷子白发病、谷瘟病、丝黑穗病，抗倒伏，玉米螟田间发病很轻，适应性强。经农业农村部谷物及制品质量监督检验测试中心（哈尔滨）分析，籽粒含粗蛋白 12.64%、脂肪 3.98%、赖氨酸 0.27%、直链淀粉 20.18%，胶稠度 129.5 mm，糊化温度 3.7（碱消值），含维生素 B_1 5.3 mg/kg、硒 13 μg/kg。整米率 96%，出米率 80%，适口性佳。从出苗至成熟 117 d 左右。

【产量表现】2013—2014 年，吉林省区域试验平均籽实公顷产量 5 502.8 kg，较对照公谷 71 增产 9.8%。2014 年，吉林省生产试验籽实平均公顷产量 5 475.3 kg，比对照公谷 71 增产 8.2%。

【栽培要点】一般 4 月下旬至 5 月上旬播种，4～5 叶间苗。播种量机播公顷播量 3.5 kg，人工条播公顷播量 5～6 kg。公顷保苗 60 万株左右。

【适宜地区】吉林省中熟、中晚熟谷子产区。

【选育人员】李淑杰、高鸣、胡喜莲、李继洪、高明超、王阳、李伟、李翠丽、陈冰嬬、檀辉、侯长余、包淑英、李淑芳、杨永志。

食用豆品种

吉林省农业科学院作物资源研究所品种志

吉绿 3 号（Jilü No. 3）

【品种来源】以白 925 为母本，以 D0809 为父本，进行人工有性杂交，于 1998 年经系谱法选育而成，原代号 GL5354。2007 年，经吉林省农作物品种审定委员会审定推广，审定编号为吉登绿 2007001。

【特征特性】出苗至成熟 104 d，幼茎绿色，根系发达，株高 70～80 cm，分枝 2～3 个，主茎节数 10 个。单株结荚 10～25 个，单荚粒数 13 粒，荚长 11.6 cm，成熟荚黑色，叶卵圆形，花黄色。籽粒圆柱形，种皮有光泽，籽粒含粗蛋白 24.45%、粗脂肪 1.1%，百粒重 7.0 g 左右。抗病、抗旱、耐瘠薄。

【产量表现】2004—2005 年，吉林省预备试验平均公顷产量 1 507.9 kg，比对照品种白绿 6 号平均增产 17.2%；吉林省区域试验平均产量 1 295.6 kg/hm^2，比对照品种白绿 6 号平均增产 7.35%；吉林省生产试验平均公顷产量 1 308.3 kg，比对照品种白绿 6 号平均增产 7.92%。

【栽培要点】5 月上中旬播种，单作每公顷播种 20～30 kg，播深3～5 cm，行距 60～70 cm，种植密度 10 万～15 万株/hm^2。中等土壤肥力条件下，播种时施种肥，每公顷施氮磷钾复合肥 150～200 kg。播种的同时撒毒谷，防治地下害虫；及时中耕除草，防治蚜虫；收获后及时熏蒸，防止绿豆象的危害。

【适宜地区】吉林省中、西部地区及辽宁省、内蒙古自治区、黑龙江省等邻近地区。

【选育人员】郭中校、王明海、刘红欣。

吉绿 4 号（Jilü No. 4）

【品种来源】 以白 925 为母本，以公绿 1 号为父本，经人工杂交，于 1998 年选育而成，原代号 GL5368。2007 年，经吉林省农作物品种审定委员会审定推广，审定编号为吉登绿 2007002。

【特征特性】 出苗至成熟 100 d，植株繁茂性好，幼茎绿色，株高 65～75 cm，分枝 2.5 个，主茎节数 8～10 个。单株结荚 10～20 个，单荚粒数 12 粒，荚长 10.9 cm，成熟荚黑褐色，叶卵圆形，花黄色，籽粒短圆柱形，色泽深绿有光泽。籽粒含粗蛋白 24.52%、粗脂肪 1.06%，百粒重 6.5 g 左右。抗旱性强，适应性广，抗叶斑病、霜霉病和灰斑病等叶部病害，后期不早衰。

【产量表现】 2004 年，吉林省预备试验平均公顷产量 1 405.2 kg，比对照品种白绿 6 号平均增产 10.8%。2005—2006 年，吉林省区域试验平均公顷产量 1 290.64 kg，比对照品种白绿 6 号平均增产 7.2%。2006 年，吉林省生产试验平均公顷产量 1 274.0 kg，比对照品种白绿 6 号平均增产 5.1%。

【栽培要点】 春播在 5 月中旬，单作每公顷播种 20～30 kg，播深 3～5 cm，行距 60～70 cm，种植密度 10 万～18 万株/hm^2。中等土壤肥力条件下，播种时施种肥，每公顷施氮磷钾复合肥 150～200 kg。播种的同时撒毒谷，防治地下害虫；及时中耕除草，防治蚜虫；收获后及时熏蒸，防止绿豆象的危害。

【适宜地区】 吉林省中、西部地区及类似生态区。

【选育人员】 王明海、郭中校、檀辉。

吉绿 5 号（Jilü No. 5）

【品种来源】以大鹦哥绿为母本，以绿豆 103 为父本，经人工杂交，于 1999 年选育而成。2009 年，经吉林省农作物品种审定委员会审定推广，审定编号为吉登绿 2009003。

【特征特性】出苗至成熟 99 d，幼茎绿色，根系发达，株高 63.7 cm，分枝 3 个。单株结荚 25.6 个，单荚粒数 13 粒，荚长 11.8 cm，成熟荚黑色，叶卵圆形，花黄色，籽粒长圆柱形，种皮有光泽。籽粒含粗蛋白 23.96%、粗脂肪 1.27%、淀粉 56.89%。百粒重 6.6 g 左右，抗病、抗旱、耐瘠薄。

【产量表现】2005—2006 年，吉林省预备试验平均公顷产量 1 505.5 kg，比对照品种白绿 6 号平均增产 11.2%。2007—2008 年，吉林省区域试验平均公顷产量 1 725.0 kg，比对照品种白绿 6 号平均增产 12.3%；吉林省生产试验平均公顷产量 1 459.7 kg，比对照品种白绿 6 号增产 21.2%。

【栽培要点】春播在 5 月中旬，忌重茬，单作每公顷播种 20～30 kg，播深 3～5 cm，行距 60～70 cm，种植密度 10 万～15 万株/hm^2。中等土壤肥力条件下，播种时施种肥，每公顷施氮磷钾复合肥 150～250 kg。播种的同时撒毒谷，防治地下害虫；及时中耕除草，防治蚜虫；收获后及时熏蒸，防止绿豆象危害。

【适宜地区】吉林省中、西部地区及辽宁省、黑龙江省、内蒙古自治区等邻近种植区。

【选育人员】郭中校、王明海、包淑英、王桂芳、徐宁、刘红欣、谢利、韩丹、李捷、高忠。

吉绿 6 号（Jilü No. 6）

【品种来源】以农家品种 7008 为母本，以白绿 522 为父本，进行人工杂交，于 1997 年选育而成。2010 年，经吉林省农作物品种审定委员会审定推广，审定编号为吉登绿豆 2010002。

【特征特性】该品种属于无限结荚习性的中熟绿豆品种。株型紧凑，茎秆粗壮，半直立，株高 61.1 cm 左右，叶浓绿，花黄色；籽粒长圆柱形，粒形整齐，籽粒饱满，大小均匀，白脐，粒浅绿色，色泽鲜艳有光泽，商品性好。主茎分枝 3.0 个；荚长而黑，不炸荚，不落荚，且结荚集中，适于机械化收获。单株结荚 19.3 个，荚长 11.3 cm，单荚粒数 12.5 个，百粒重 7.1 g 左右。籽粒含粗蛋白 26.0%，生育期 97 d，抗根腐病，中抗叶斑病。

【产量表现】2005—2006 年，吉林省产量比较试验平均公顷产量 1 865.5 kg，比对照种白绿 6 号增产 15.7%。2007 年，吉林省 5 个点次区试结果，平均公顷产量 1 726.8 kg，比对照品种白绿 6 号增产 5.8%，其中在 3 个试验点表现增产；2008 年，吉林省区域试验 6 个点次结果，平均公顷产量 1 255.6 kg，比对照品种白绿 6 号增产 8.3%，其中 5 个试验点次表现增产。2007—2008 年，平均公顷产量 1 491.2 kg，比对照增产 7.1%。2008—2009 年，吉林省生产试验平均公顷产量 1 241.4 kg，比对照增产 12.9%。

【栽培要点】适宜播期为 5 月 10 日至 6 月 1 日，条播每亩用种 1.5 kg，穴播 1.0 kg，播深 3～4 cm，行距 60～70 cm，密度以当地土壤肥力、水肥状况而定，一般为株距 10～15 cm。施用基肥 150 kg/hm（氮磷钾复合肥），中后期如长势较好可不再追肥；如发现田间群体偏弱、预计不能封垄的地块，可及时追施复合肥 100 kg/hm^2。苗期防地老虎、蚜虫，中期防钻心虫、豆荚螟，用药应注意浓度不得过高，以防药害发生。花荚期遇旱，应适当浇水。

【适宜地区】吉林省及内蒙古自治区、黑龙江省等邻近地区。

【选育人员】包淑英、郭中校、王明海、王佰众、徐宁、王桂芳。

吉绿 7 号（Jilü No. 7）

【品种来源】 1999 年，以白 925 为母本，高阳绿豆为父本，经人工杂交选育而成。2010 年，经吉林省农作物品种审定委员会审定推广，审定编号为吉登绿豆 2010003。

【特征特性】 该品种生育期 94 d 左右。幼茎紫色，复叶心脏形，花黄色，半蔓生型，株高 58.1 cm，分枝 2.2 个，单株荚数 13.6 个，单荚粒数 16.3 个，荚长 11.8 cm，单株产量 11.1 g，百粒重 6.7 g；籽粒长圆柱形，绿色，有光泽。籽粒含粗蛋白 25.33%、粗脂肪 1.03%、粗淀粉 55.01%。

【产量表现】 2005—2006 年，吉林省产量比较试验平均公顷产量 1 570.6 kg，比对照品种白绿 6 号增产 13.0%。2007—2009 年，吉林省区域试验平均产量 1 495.9 kg，比对照品种白绿 6 号增产 10.2%。2008—2009 年，吉林省生产试验平均产量 1 324.1 kg，比对照品种白绿 6 号增产 22.3%。

【栽培要点】 播期为 5 月中下旬，播种量为 25 kg/hm^2。密度按照肥地稀、薄地密的原则，行距 60～70 cm，株距 10～20 cm，每公顷保苗为 11 万～15 万株。整地的同时，增加有机肥的施用量（农家肥 15 000 kg/hm^2 左右），在播种的同时施入磷酸二铵（或复合肥）100～250 kg/hm^2 作种肥，或施入硫酸钾 50 kg/hm^2 作种肥。播种的同时撒毒谷，防治地下害虫。

【适宜地区】 吉林省各地区。

【选育人员】 郭中校、王明海、徐宁、包淑英、王桂芳、刘红欣。

吉绿 8 号（Jilü No. 8）

【品种来源】 2001 年，从外引农家品种田中发现并选取变异株，采用系谱选择法选育而成。2011 年，经吉林省农作物品种审定委员会审定推广，审定编号为吉登绿豆 2011003。

【特征特性】 籽粒短圆形，种皮有光泽，浅绿色，百粒重 3.82 g。直立型，亚有限结荚习性，幼茎紫色，卵圆形叶，花黄色，株高 43.4 cm，荚黑褐色，单株荚数 26.8 个，单荚粒数 12.6 个，荚长 7.6 cm，单株产量 21.4 g。籽粒含粗蛋白 25.12%、粗脂肪 0.89%、粗淀粉 55.93%。从出苗至成熟 75 d 左右。田间自然观察未见病害发生。

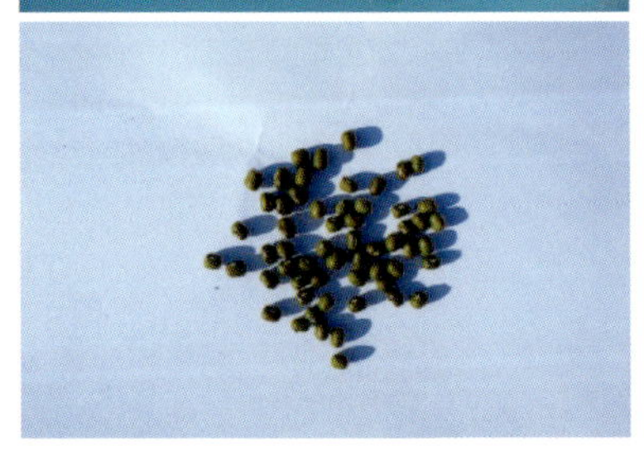

【产量表现】 2008 年，吉林省区域试验平均公顷产量 1 112.55 kg，比对照增产 9.46%；2009 年，吉林省区域试验平均公顷产量为 1 161.95 kg，比对照增产 8.42%；2010 年，吉林省区域试验平均公顷产量为 1 183.35 kg，比对照增产 12.01%；三年区域试验平均公顷产量为 1 152.62 kg，比对照增产 9.96%。2009 年，吉林省生产试验平均公顷产量为 1 190.75 kg，比对照增产 7.86%；2010 年，吉林省生产试验平均公顷产量为 1 147.70 kg，比对照增产 10.62%；两年生产试验平均公顷产量为1 169.23 kg，比对照增产 9.20%。

【栽培要点】 5 月中下旬播种。一般公顷保苗 15 万～20 万株，每公顷用种量约20 kg。施足基肥，播种的同时施入种肥，一般公顷施种肥氮磷钾复合肥 150～250 kg。注意种子与化肥要隔离，避免化肥烧种子，影响出苗。

【适宜地区】 吉林省西部绿豆主产区。

【选育人员】 郭中校、包淑英、王明海、徐宁、王桂芳、王佰众、赵伟、高忠、石贵山。

吉绿 9 号（Jilü No. 9）

【品种来源】以适应性强、产量稳定的白绿 522 为母本，以植株较高、百粒重 7.0 g 的自选材料 T62－2 为父本，于 2003 年进行人工杂交选育而成。2013 年，经吉林省农作物品种审定委员会审定推广，审定编号为吉登绿豆 2013002。

【特征特性】籽粒长圆柱形，绿色，有光泽，百粒重 6.75 g。半蔓生型，幼茎紫色，复叶卵圆形，株高 64.3 cm，分枝 2.65 个，荚长 13.0 cm，成熟荚黑色，单株荚数 15.0 个，单荚粒数 12.3 个。籽粒含粗蛋白 24.72%、粗淀粉 51.80%。抗叶斑病、霜霉病。出苗至成熟 90 d 左右。

【产量表现】2011—2012 年，吉林省区域试验平均公顷产量1 429.91 kg，比对照白绿 6 号增产 13.95%。2012 年，吉林省生产试验平均公顷产量 1 685.11 kg，比对照白绿 6 号增产 23.07%。

【栽培要点】一般播种量为 16～20 kg/hm^2，保苗 12 万～16 万株/hm^2，行距 50～70 cm，株距 10～15 cm。按照肥地略稀、薄地略密的原则留苗。

【适宜地区】吉林省绿豆主产区。

【选育人员】郭中校、包淑英、王明海、徐宁、王佰众、王桂芳、李翠丽、赵伟、高忠、石贵山。

吉绿 10 号（Jilü No. 10）

【品种来源】2005 年，从田间外引农家品种中发现并选取变异株，采用系谱法选育而成。2014 年，经吉林省农作物品种审定委员会审定推广，审定编号为吉登绿豆 2014002。

【特征特性】籽粒短圆柱形，绿色，有光泽，百粒重 5.1 g。直立型生长习性，幼茎紫色，复叶卵圆形，株高 66.7 cm，主茎节数 8.3 个，分枝数 2.5 个，荚长 9.7 cm，成熟荚黑色，单株荚数 25.8 个，单荚粒数 12.9 个，单株产量 13.2 g。籽粒含粗蛋白 23.60%、粗淀粉 51.03%。抗叶斑病、根腐病。出苗至成熟 86 d 左右。

【栽培要点】一般 5 月中旬播种，种量为 16～20 kg/hm^2，保苗 12 万～20 万株/hm^2，行距 50～60 cm，株距 10～14 cm。

【产量表现】2012 年，吉林省产量比较试验平均公顷产量 1 208.2 kg，比对照吉绿 8 号增产 9.47%；2013 年，吉林省产量比较试验平均公顷产量为1 498.7 kg，比对照增产 30.18%。两年产比试验平均公顷产量为 1 353.45 kg，比对照增产 19.96%。2013 年，吉林省生产试验平均产量为 1 532.6 kg/hm^2，比对照品种吉绿 8 号增产 35.31%。

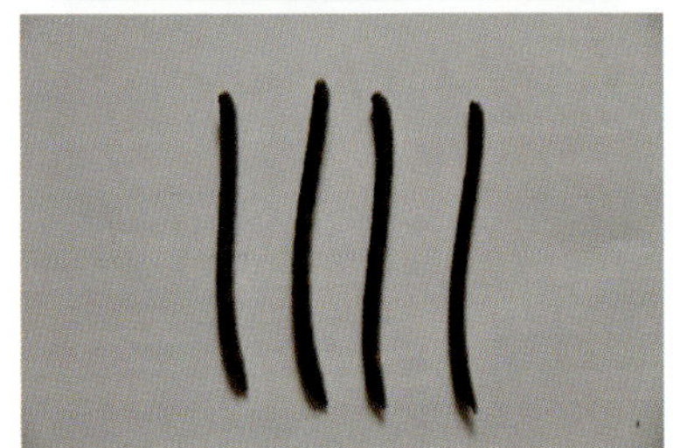

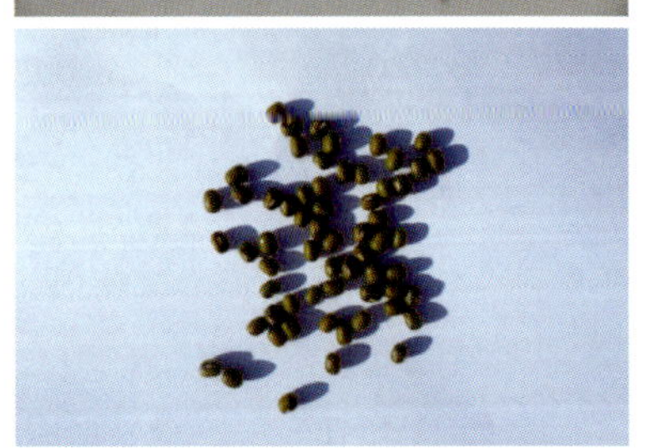

【栽培要点】5 月中下旬春播，6 月下旬至 7 月上旬夏播。单作播种量 16～20 kg/hm^2，播深 3～5 cm，株距、行距分别为 8～14 cm、50～60 cm，忌重茬。种植密度 12 万～20 万株/hm^2。整地的同时，增加有机肥的施用量；播种的同时施入种肥，一般施氮磷钾复合肥 150～250 kg/hm^2。注意种子与化肥要隔离，避免化肥烧种子，影响出苗。

【适宜地区】吉林省西部绿豆主产区。

【选育人员】徐宁、郭中校、王明海、包淑英、王桂芳、窦忠玉、石贵山、赵伟、杨永志、高忠、李翠丽。

吉绿 11（Jilü No. 11）

【品种来源】 以植株较高、百粒重 6.6 g 的农家品种 5 号为母本，以适应性强、产量稳定的白绿 522 为父本，于 2005 年进行人工杂交选育而成。2014 年，经吉林省农作物品种审定委员会审定推广，审定编号为吉登绿豆 2014001。

【特征特性】 籽粒长圆柱形，绿色，有光泽，百粒重 6.2 g。半蔓生型，幼茎紫色，复叶卵圆形，株高 63.4 cm，分枝 2.5 个，荚长 12.3 cm，成熟荚黑色，单株荚数 14.3 个，单荚粒数 12.55 个。籽粒含粗蛋白 24.26%、粗淀粉 53.12%。抗叶斑病、根腐病。出苗至成熟 89 d 左右。

【产量表现】 2011 年，吉林省区域试验平均公顷产量 1 199.75 kg，比对照白绿 6 号增产 4.68%；2012 年，吉林省区域试验平均公顷产量 1 503.00 kg，比对照白绿 6 号增产 11.23%；两年区域试验平均公顷产量 1 351.38 kg，比对照白绿 6 号增产 8.22%。2013 年，吉林省生产试验平均公顷产量 1 450.71 kg，比对照白绿 6 号增产 5.98%。

【栽培要点】 5 月中下旬播种，播种量为 20 kg/公顷，播种深度 3～5 cm，覆土不宜太厚。条播株距 10～15 cm，穴播株距 15～17 cm，每穴 2～3 粒，每米保苗 10～13 株，保苗 14 万～18 万株/hm^2，行距 50～60 cm。

【适宜地区】 吉林省绿豆主产区。

【选育人员】 郭中校、王明海、包淑英、徐宁、王佰众、王桂芳、李翠丽、赵伟、高忠。

吉绿 12（Jilü No. 12）

【品种来源】2005 年，以适应性强、株型紧凑自选材料 T_{62-2} 为母本，以丰产性、稳产性都好的白绿 522 为父本，进行人工杂交，2006 年将 F_1 与自选材料 T_{62-2} 进行人工杂交选育而成。2015 年，经吉林省农作物品种审定委员会审定推广，审定编号为吉登小豆 2015003。

【特征特性】籽粒长圆柱形，绿色，有光泽，百粒重 6.3 g。植株半蔓生型，幼茎紫色，株高 66.4 cm，分枝 2.7 个，主茎节数 8.7 节，成熟荚黑色，单株荚数 13.3 个，单荚粒数 13.3 个，单株粒重 10.6 g。籽粒含粗蛋白 27.50%、粗淀粉 53.90%。抗叶斑病、根腐病。出苗至成熟 93 d 左右。

【产量表现】2012 年，吉林省年区域试验平均公顷产量 1 526.31 kg，比对照白绿 6 号增产 12.80%，6 个试验点全部表现增产；2013 年，吉林省区域试验平均公顷产量 1 283.15 kg，比对照白绿 6 号增产 8.12%，7 个试验点有 6 个点表现增产；两年区域试验平均公顷产量1 404.73 kg，比对照白绿 6 号增产 10.61%。2014 年，吉林省生产试验平均公顷产量1 443.87 kg，比对照白绿 6 号增产 30.29%，5 个试验点有 4 个表现增产。

【栽培要点】在吉林省主产区 5 月中下旬播种，播种量为 20 kg/hm^2 左右，播种深度 3～5 cm，一般行距 50～60 cm，株距 10～15 cm，公顷保苗 14 万～18 万株，按照肥地略稀、薄地略密的原则留苗。整地的同时，增加有机肥的施用量，中等土壤肥力条件下，公顷施氮磷钾复合肥 250～300 kg。

【适宜地区】吉林省绿豆主产区。

【选育人员】徐宁、包淑英、郭中校、王明海、王桂芳、林志、王佰众、马英慧、李翠丽、李光华、张妤、张伟、石贵山。

吉红 7 号（Jihong No. 7）

【品种来源】以红 11－3 为母本，以辽 107 为父本，经人工杂交，于 1998 年选育而成。2007 年，经吉林省农作物品种审定委员会审定推广，审定编号为吉登小豆 2007001。

【特征特性】出苗至成熟 108 d，有限结荚习性，直立型，幼茎绿色，株高 70～80 cm，每株 3 个分枝，结荚 20～30 个，单荚粒数 7 粒，荚长 7.5 cm，成熟荚白色，花黄色，籽粒短圆柱形，粒大整齐，色泽浅红，种皮薄有光泽。籽粒含粗蛋白 25.25％、粗脂肪 0.35％。百粒重 13.0 g 左右，抗旱性强，适应性广，抗倒伏，抗叶部病害。

【产量表现】2005—2006 年，吉林省区域试验平均公顷产量为1 835.6 kg，比对照品种白红 2 号增产 12.5％。2006 年，吉林省生产试验产量 1 704.8 kg，比对照品种白红 2 号增产 14％。

【栽培要点】5 月上中旬播种，忌重茬，公顷播种量为 20～40 kg，公顷保苗 12 万～15 万株，根据土壤肥力状况，公顷施种肥氮磷钾复合肥 200 kg 左右，及时中耕除草，防治病虫害。

【适宜地区】吉林省的中、西部地区及辽宁省、黑龙江省、内蒙古自治区等邻近种植区。

【选育人员】郭中校、王明海、栾天浩。

吉红 8 号（Jihong No. 8）

【品种来源】以小豆 178 为母本，以小豆 5076 为父本，经人工杂交，于 1999 年选育而成。2009 年，经吉林省农作物品种审定委员会审定推广，审定编号为吉登小豆 2009001。2015 年，经全国小宗粮豆品种鉴定委员会审定推广，审定编号为国品鉴杂 2015028。

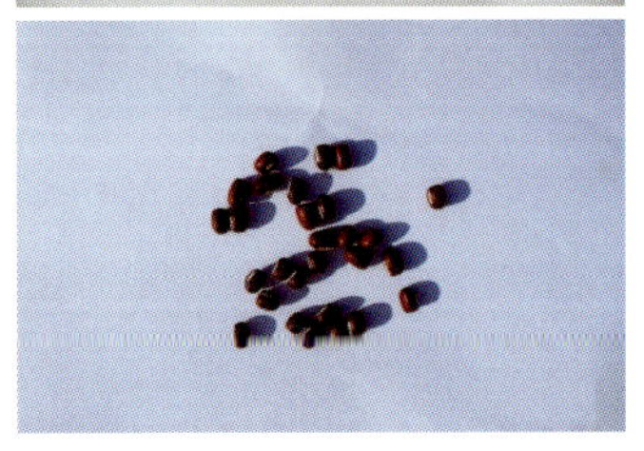

【特征特性】该品种为中熟种，春播生育期 89～97 d，株高 52.5～54.9 cm，半蔓生型，幼茎绿色，主茎分枝 2.8～3.5 个，主茎节数 11.6～12.6 节，单株荚数 21.5～27.1 个，荚长 8.9～9.7 cm，荚粒数 6.4～7.5 粒，千粒重 114.3～146.0 g。籽粒红色，有光泽，短圆柱形。直立型，有限结荚习性，结荚集中，成熟一致，不炸荚裂荚，适于一次性收获。成熟荚黄色，籽粒含粗蛋白 24.63%、碳水化合物 52.31%、脂肪 2.14%、水分 10.52%。抗旱性强，适应性广，抗叶部病害。

【产量表现】2005—2006 年，吉林省预备试验平均公顷产量 1 807.6 kg，比对照品种白红 2 号平均增产 10.35%。2007 年，吉林省区域试验平均公顷产量 1 489.7 kg，比对照品种白红 2 号增产 13.2%；三年区域试验平均产量为 1 701.63 kg/hm^2，比对照冀红 9218 增产 18.81%，居参试品种首位，12 个试验点有 9 个试验点增产，增产试验点达 75.0%。2008 年，吉林省生产试验平均公顷产量 1 906.7 kg，比对照品种白红 2 号增产 14.6%。2014 年，国家生产试验平均产量为 1 898.4 kg/hm^2，较统一对照冀红 9218 增产 23.08%，较当地品种平均增产 23.59%，100%试点增产。

【栽培要点】5 月中旬播种，忌重茬。单作每公顷播种 20～40 kg，播深 3～5 cm，行距 60～70 cm，种植密度 10 万～15 万株/hm^2。根据土壤肥力状况，播种时施种肥，每公顷施氮磷钾复合肥 250 kg 左右。播种的同时撒毒谷，防治地下害虫；及时中耕除草，防治蚜虫；收获后及时熏蒸，防止绿豆象的危害。

【适宜地区】吉林省的中、西部地区及辽宁省、黑龙江省、内蒙古自治区等邻近种植区。

【选育人员】郭中校、王明海、王桂芳。

吉红 9 号（Jihong No. 9）

【品种来源】以从河北省引进农家品种大粒红小豆为基础材料，经集团混合选择法，于 2001 年选育而成。2011 年，经吉林省农作物品种审定委员会审定推广，审定编号为吉登小豆 2011001。

【特征特性】籽粒短圆形，种皮红色有光泽，百粒重 15.6 g。植株半蔓生型，无限结荚习性，幼茎绿色，叶形卵圆，花黄色，株高 56.7 cm，分枝 2.4 个，单株荚数 18.7 个，单荚粒数 7.0 个，荚黄色，荚长 8.2 cm。籽粒含粗蛋白 21.99%、粗脂肪 0.35%、粗淀粉 57.21%。从出苗至成熟 110 d 左右。田间自然观察未见病害发生。

【产量表现】2008 年，吉林省区域试验平均公顷产量为 1 223.20 kg，比对照增产 11.25%；2009 年，吉林省区域试验平均公顷产量为 1 221.95 kg，比对照增产 9.71%；2010 年，吉林省区域试验平均公顷产量为 1 560.10 kg，比对照增产 12.78%；三年区域试验平均公顷产量为 1 335.08 kg，比对照增产 11.36%。2009 年，吉林省生产试验平均公顷产量为 1 174.40 kg，比对照增产 8.09%；2010 年，吉林省生产试验平均公顷产量为 1 450.10 kg，比对照增产 11.26%；两年生产试验平均公顷产量为 1 312.25 kg，比对照增产 9.82%。

【栽培要点】5 月上中旬播种，一般公顷保苗 15 万～18 万株。一般公顷施种肥氮磷钾复合肥 150～250 kg。

【适宜地区】吉林省中、西部红小豆主产区。

【选育人员】包淑英、郭中校、王明海、徐宁、王桂芳、王佰众、高忠、赵伟、石贵山。

吉红 10 号（Jihong No. 10）

【品种来源】 以小豆红 11－4 为母本，以小豆京农 5 号为父本，经人工杂交，于 2001 年选育而成。2011 年，经吉林省农作物品种审定委员会审定推广，审定编号为吉登小豆 2011002。

【特征特性】 粒长圆柱形，红色，有光泽，百粒重 15.7 g。幼茎绿色，复叶心形，大叶，花黄色；半蔓生型，株高 52.7cm，分枝 1.9 个，单株荚数 17.1 个，单荚粒数 5.6 个，荚长 9.2 cm，成熟荚黄白色。籽粒含粗蛋白 23.26%、粗脂肪 0.23%、粗淀粉 56.45%。从出苗至成熟全生育日期 91 d 左右。田间自然发病试验结果抗病毒病和叶斑病。

【产量表现】 2007—2008 年，吉林省产量比较试验平均公顷产量 1 622.15 kg，比对照品种白红 2 号增产 16.1%。2009—2010 年，吉林省区域试验平均产量 1 293.98 kg，比对照品种白红 5 号增产 11.95%。2010 年，吉林省生产试验平均产量 1 523.83 kg，比对照品种白红 5 号增产 14.6%。

【栽培要点】 5 月中下旬播种，播种量为 25～30 kg/hm²。按照肥地稀、薄地密的原则。行距 60～70 cm；株距 10～20 cm，每公顷保苗为 11 万～15 万株。整地的同时，增加有机肥的施用量（农家肥 15 000 kg/hm² 左右），中等土壤肥力条件下，公顷施种肥氮磷钾复合肥 150～250 kg，及时中耕除草，防治病虫害。

【适宜地区】 吉林省各地区。

【选育人员】 王明海、郭中校、徐宁、包淑英、王桂芳、刘红欣、栾天浩、石贵山、王佰众、檀辉、谢利、韩丹。

吉红 11（Jihong No. 11）

【品种来源】以从河北省引进农家品种红小豆 8802－12104 为母本，以自选红小豆材料红 11－2 为父本进行人工有性杂交，于 2001 年经系谱法选育而成。2012 年，经吉林省农作物品种审定委员会审定推广，审定编号为吉登小豆 2012002。

【特征特性】从出苗至成熟 94 d 左右，籽粒短圆柱形，种皮红色有光泽，百粒重 11.5 g。植株半蔓生型，无限结荚习性，叶形卵圆，花黄色，株高 53.4 cm，分枝 2.5 个，单株荚数 19.3 个，单荚粒数 6.6 个，荚长8.1 cm。籽粒含粗蛋白 26.44%、粗脂肪 0.53%、粗淀粉 51.66%。

【产量表现】2010—2011 年，吉林省区域试验平均公顷产量为 1 528.98 kg，比对照增产 5.57%；2011 年，吉林省生产试验平均公顷产量为 1 359.66 kg，比对照增产12.07%。

【栽培要点】5 月上中旬播种，一般公顷保苗 15 万～18 万株，公顷施种肥氮磷钾复合肥 150～250 kg。

【适宜地区】吉林省中、西部红小豆主产区。

【选育人员】包淑英、郭中校、王明海、徐宁、王桂芳、王佰众、赵伟、高忠、石贵山。

吉红 12（Jihong No. 12）

【品种来源】以外引河北省农家品种大粒红小豆为母本，以京农 5 号为父本，经人工杂交，于 2004 年选育而成。2014 年，经吉林省农作物品种审定委员会审定推广，审定编号为吉登小豆 2014002。

【特征特性】籽粒短圆柱形，红色，有光泽，百粒重 14.87 g。半蔓生型，幼茎绿色，复叶卵圆形，株高 62.26 cm，分枝 2.72 个，荚长 8.43 cm，成熟荚黄白色，单株荚数 16.77 个，单荚粒数 7.69 个。籽粒含粗蛋白 22.09%、粗淀粉 52.34%。抗叶斑病、根腐病。出苗至成熟 96 d 左右。

【产量表现】2012 年，吉林省区域试验平均公顷产量 1 852.14 kg，比对照白红 5 号增产 20.01%；2013 年，吉林省区域试验平均公顷产量 1 317.87 kg，比对照白红 5 号增产 17.90%；两年区域试验平均公顷产量 1 585.01 kg，比对照白红 5 号增产 19.12%。2013 年，吉林省生产试验平均公顷产量 1 401.76 kg，比对照白红 5 号增产 6.52%。

【栽培要点】5 月中旬播种，播种量为25～30 kg/hm^2，行距 50～60 cm；株距 8～10 cm，每公顷保苗为 15 万～18 万株。

【适宜地区】吉林省西部红小豆主产区。

【选育人员】郭中校、包淑英、王明海、徐宁、王佰众、王桂芳、李翠丽、赵伟、高忠、石贵山。

吉红 13（Jihong No. 13）

【品种来源】以大粒型外引材料 4255 为母本，以适应性强、产量高的吉红 8 号为父本，进行人工杂交，于 2007 年选育而成。2015 年，经吉林省农作物品种审定委员会审定推广，审定编号为吉登小豆 2015002。

【特征特性】籽粒短圆柱形，红色，有光泽，百粒重 11.5 g。植株半蔓生型，幼茎绿色，株高 58.64 cm，分枝 2.4 个，主茎节数 11.3 节，成熟荚黄白色，单株荚数 22.8 个，单荚粒数 7.9 个，单株粒重 12.0 g。籽粒含粗蛋白 24.27%、粗淀粉 53.64%。抗叶斑病、根腐病。出苗至成熟 90 d 左右。

【产量表现】2013 年，吉林省区域试验平均公顷产量 1 443.93 kg，比对照白红 5 号增产 8.42%，5 个试验点有 3 个点表现增产；2014 年，吉林省区域试验平均公顷产量 1 560.39 kg，比对照白红 5 号增产 10.41%，5 个试验点都表现增产；两年区域试验平均公顷产量 1 502.16 kg，比对照白红 5 号增产 9.44%；2014 年，吉林省生产试验平均公顷产量 1 447.95 kg，比对照白红 5 号增产 7.10%，5 个试验点有 4 个点表现增产。

【栽培要点】5 月中旬播种，行距 50～60 cm，株距 8～10 cm，每公顷保苗 15 万～18 万株。中等土壤肥力条件下，公顷施氮磷钾复合肥 150～250 kg。

【适宜地区】吉林省红小豆主产区。

【选育人员】郭中校、王明海、包淑英、徐宁、王桂芳、林志、王佰众、马英慧、李翠丽、李光华、王江红、张妤、张伟、石贵山。

麦类品种

吉林省农业科学院作物资源研究所品种志

丰强 10 号（Fengqiang No. 10）

【品种来源】 1990 年，从太谷核不育小麦组成的轮选群体后代经系谱法选育而成。2001 年，经吉林省农作物品种审定委员会审定推广，审定编号为吉审麦 2001002。

【特征特性】 幼苗直立，叶片深绿色，分蘖力强。株高 85～90 cm，成穗整齐。穗长 9 cm 左右，方形穗，黄壳，红粒角质粒，有芒，无茸毛。小穗多花，每穗 39 粒左右，千粒重 32～35 g，容重 760 g/L 左右。春性，出苗至成熟 82 d 左右，生育后期耐湿，落黄好。秆强粗壮，弹性好，抗倒伏。抗秆锈病、白粉病和散黑穗病，黄矮病、赤霉病轻，中抗根腐病、叶锈病。籽粒含粗蛋白 14.86%、干面筋 9.8%、湿面筋 31.0%，沉降值 34.2 mL，形成时间 3.8 min，稳定时间 3.8 min，断裂时间 5.4 min，评价值 50。

【产量表现】 在一般土壤肥力条件下，每公顷产量可达 4 000 kg；在良好条件下，每公顷产量为 4 200 kg。

【栽培要点】 3 月末至 4 月初播种，一般公顷保苗 550 万～600 万株。每公顷用磷酸二铵 150 kg 和硝酸铵 250 kg 混拌均匀作种肥，三叶期至分蘖盛期用 2,4－D 丁酯喷洒灭草，每公顷用药 1 kg。生育后期要防治黏虫、蚜虫及防鸟害，成熟时及时收获。

【适宜区域】 吉林省中、西部水浇地及沿江河低洼易涝地。

【选育人员】 姜易、何中国、赵凤清、李丽君、宋桂芹、武克忠、徐晓杰、曲祥春、窦忠玉、蔡红梅、赵宏业。

丰强 11（Fengqiang No. 11）

【品种来源】 以吉春 8448 为母本，以小冰麦 33 为父本，1993 年经杂交选育而成。2003 年，经吉林省农作物品种审定委员会审定推广，审定编号为吉审麦 2003002。

【特征特性】 幼苗直立，叶片深绿色。株高 90 cm 左右，分蘖力中等，穗长 11～12 cm，纺锤形穗，红壳，红粒角质粒，有芒，籽粒呈椭圆形，每穗 33～34 粒，千粒重 38～40 g，容重 760～800 g/L。春性，出苗至成熟 85～87 d，茎秆较强，灌浆速度快，落黄好。对白粉病、叶锈病和秆锈病具有较强的抵抗性，但轻度感染散黑穗病。对轻度土壤干旱和高温有一定的忍耐能力，在苗期和生育后期遇有充足的雨水，籽实产量增加显著。籽粒含粗蛋白 19.82%、湿面筋 40.8%、干面筋 13.8%，沉降值 56.3 mL，稳定时间 18.0 min。

【产量表现】 在一般土壤肥力条件下，每公顷产量为 4 500 kg；在良好条件下，每公顷产量可达 5 000 kg。

【栽培要点】 3 月末至 4 月初播种，一般公顷保苗 450 万～500 万株。每公顷用磷酸二铵 150 kg 和硝酸铵 250 kg 混拌均匀作种肥，三叶期至分蘖盛期用 2,4－D 丁酯喷洒灭草，每公顷用药 1 kg。生育后期防治黏虫、蚜虫及防鸟害，成熟时及时收获。

【适宜区域】 吉林省中、西部麦区，也适于内蒙古自治区东部和黑龙江省生态条件相似的地区。

【选育人员】 何中国、姜昱、武克忠、曲祥春、李玉发、窦忠玉。

丰强 7 号（Fengqiang No. 7）

【品种来源】 以丰强 5 号为母本，以敦 7608 为父本有性杂交，后经系谱法，于 1984 年选育而成。1995 年，通过吉林省农作物品种审定委员会审定，命名丰强 7 号。2004 年，经国家农作物品种审定委员会审定推广，审定编号为国审麦 2004020。

【特征特性】 春性，中熟品种，生育期（出苗—成熟）85 d 左右。幼苗直立，叶片深绿色。株高 93 cm。穗纺锤形，穗长 8 cm 左右，红壳，颖壳无茸毛，籽粒为卵形，红色角质粒。穗粒数 33～38 粒，千粒重 39～42 g。抗旱性 3 级（抗旱性中等）。接种抗病性鉴定：叶锈病免疫，中抗条锈病，中感叶锈病、白粉病。2001—2002 年分别测定混合样：容重 788 g/L、804 g/L，含粗蛋白含量 16.9%、16.7%，湿面筋含量 37.7%、35.8%，沉降值 47.0 mL、48.2 mL，吸水率 61.4%、64.1%，面团稳定时间 7.5 min、5.7 min，最大抗延阻力 365 E.U、335 E.U，拉伸面积 109.2 cm^2、89.7 cm^2。

【产量表现】 2001 年，参加东北春麦早熟旱地组区域试验，平均亩产 208.4 kg，比对照辽春 9 号增产 12.2%；2002 年继续区域试验，平均亩产 280.8 kg，比对照辽春 9 号增产 5.3%。2003 年，东北春麦早熟旱地组生产试验平均亩产 261.9 kg，比对照辽春 9 号增产 3.2%。

【栽培要点】 4 月 5 日前后播种，亩保苗 30 万株，播前用腈菌唑拌种，防止散黑穗病发生，每亩施磷酸二铵和硝酸铵各 12 kg，混合均匀作种肥。在麦苗达到分节盛期以前，用 2,4-D 丁酯小麦专用除草剂喷施麦田，以消灭田间宽叶杂草，小麦生育后期应注意防治黏虫，及时收获。

【适宜地区】 吉林省、辽宁省及内蒙古自治区类似生态地区。

【选育人员】 何中国、曲祥春、武克忠。

吉春 12（Jichun No. 12）

【品种来源】以吉春 8448 为母本，以佳 82－1704－1 为父本，于 1993 年选育而成。2005 年，经吉林省农作物品种审定委员会审定推广，审定编号为吉审麦 2005001。

【特征特性】幼苗直立，叶片深绿色。分蘖力中等，株高 80～90 cm，成熟期穗层整齐。穗长 9～10 cm，穗为方形，红壳，红粒角质粒，有芒，籽粒呈椭圆形，每穗 35～42 粒，千粒重 37～45 g，容重 750～808 g/L。春性，出苗至成熟 83～85 d，茎秆较强，抗倒伏，灌浆速度快，落黄好。秆锈病免疫，高抗叶锈病，抗根腐病、白粉病、散黑穗病。对轻度土壤干旱和高温有一定的忍耐能力，在苗期和生育后期遇有充足的雨水，籽实产量增加显著。籽粒含粗蛋白 16.67%、湿面筋 38.2%、干面筋 12.2%，沉降值 44.3 mL，形成时间 3.5 min，稳定时间 4.2 min，评价值 52。

【产量表现】2003—2004 年，吉林省区域试验平均公顷产量为4 183.7 kg，较对照品种丰强 7 号增产 10.0%；2004 年，吉林省生产试验平均公顷产量为 3 164.5 kg，较对照品种丰强 7 号增产 3.5%。

【栽培要点】3 月末至 4 月初播种，一般公顷保苗 500 万株。三叶期至分蘖盛期用 2,4－D 丁酯喷洒灭草，每公顷用药 1 kg。生育后期要防治黏虫、蚜虫及防鸟害，成熟时及时收获。

【适宜区域】吉林省中、西部洼地及沿江河低洼易涝地和内蒙古自治区东部等地区。

【选育人员】何中国、曲祥春、李玉发、姜昱、窦忠玉、栾天浩、刘宏欣。

吉春 13（Jichun No. 13）

【品种来源】以苏联引进的小麦作母本，与父本丰强 5 号进行杂交，后代采用系谱混合法，于 1998 年选育而成。2008 年，经吉林省农作物品种审定委员会审定推广，审定编号为吉审麦 2008001。

【特征特性】幼苗直立，叶片鲜绿色，分蘖力中等。株高 90～95 cm，茎秆较强，抗倒伏性中等。成穗整齐，茎秆落黄好。穗纺锤形，穗长 9～11 cm。红壳，有芒，每穗 40 粒左右，成熟后呈褐红色。红色角质粒，呈椭圆形，千粒重 40～45 g，容重 780～790 g/L。籽粒含粗蛋白 16.76%，降落值 469 s，湿面筋 33.7%，沉降值 63.2 mL，形成时间 5.0 min，稳定时间 38.0 min，评价值 64，延伸性 18.2 cm，面积 176.7 cm^2，面包体积 825 mL，面包试验总评分 85 分。对秆锈病免疫，抗叶锈病、赤霉病、白粉病，中抗根腐病、散黑穗病。出苗至成熟 80 d 左右。

【产量表现】2006—2007 年，吉林省区域试验平均公顷产量为 3 656.04 kg；2007 年，吉林省生产试验平均公顷产量为 3 809.44 kg。

【栽培要点】3 月末至 4 月初播种，一般公顷保苗 500 万～550 万株。每公顷施磷酸二铵 150 kg（或成分含量等同的复合肥）和尿素 50 kg 作种肥，可根据苗期长相情况进行追肥。

【适宜区域】吉林省中、西部的洼地、二洼地及其他沿江河低洼易涝地和内蒙古自治区东部地区。

【选育人员】何中国、李嘉祥、檀辉、曲祥春、李玉发、栾天浩、李玉甫、张小军、李淑霞、侯云龙。

吉春 14（Jichun No. 14）

【品种来源】用龙辐 3 号×丰强 7 号的 F_1 为母本，与父本小冰麦 33 进行杂交，后代采用系谱法，于 1997 年选育而成。2007 年，经吉林省农作物品种审定委员会审定推广，审定编号为吉审麦 2007002。

【特征特性】幼苗直立，分蘖力中等。株高 90 cm 左右，茎秆较强，抗倒伏性中等。叶片深绿色。成穗整齐，茎秆落黄好。红色角质粒，呈椭圆形，千粒重 45 g，容重 770～790 g/L。籽粒含粗蛋白 17.09%、湿面筋 34.3%，沉降值 55.9 mL、吸水率 61.7%，形成时间 8.8 min，稳定时间 17.0 min，评价值 77。秆锈病免疫，高抗叶锈病，中抗白粉病，赤霉病感染较轻，轻度感染散黑穗病。对轻度土壤干旱和高温有一定的忍耐能力。中晚熟品种。出苗至成熟 85～87 d。

【产量表现】2005—2006 年，吉林省区试平均公顷产量为 4 302.9 kg，较对照品种丰强 7 号平均增产 8.91%。2006 年，吉林省生产区域试验平均公顷产量为 4 388.0 kg，较对照品种丰强 7 号平均增产 9.87%。

【栽培要点】3 月末至 4 月初播种，一般公顷保苗 400 万～450 万株。每公顷施磷酸二铵 150 kg（或成分含量等同的复合肥）和尿素 50 kg 作种肥，可根据苗期长相情况进行追肥。生育后期要防治黏虫，成熟时及时收获。

【适宜区域】吉林省中、西部的洼地、二洼地及沿江河低洼易涝地和内蒙古自治区东部地区。

【选育人员】何中国、李玉发、曲祥春、栾天浩、郭中校、张小军、檀辉、刘洪欣、石贵山。

吉春 21（Jichun No. 21）

【品种来源】以吉春 12×丰强 9 号的 F_1 代为母本，以外引材料 4083 为父本进行人工杂交，后代采用系谱法，于 2001 年选育而成。2011 年，经吉林省农作物品种审定委员会审定通过。

【特征特性】幼苗直立，叶片深绿色，分蘖力中等。株高 82.5～100.6 cm，茎秆强韧性好，抗倒伏性强。成穗整齐，茎秆落黄好。穗纺锤形，穗长 10～12 cm。白壳，有芒，每穗 40 粒左右。红色角质粒，呈椭圆形，千粒重 39.44～41.63 g，容重 774.69～781.83 g/L。籽粒含粗蛋白 17.94%，降落值 442 s，湿面筋 35.79%，沉淀值 56.2 mL，吸水量 63.7 mL/100g，面团形成时间 5.2 min，稳定时间 13.3 min，粉质质量指数 157 mm，评价值 64，延伸性 184 mm。高抗秆锈病、叶锈病，中抗根腐病、赤霉病、白粉病、散黑穗病。出苗至成熟 85 d 左右。

【产量表现】2009—2010 年，吉林省区域试验平均公顷产量为 4 427.17 kg，较对照丰强 7 号平均增产 9.05%；2011 年，吉林省生产试验平均公顷产量为 4 874.88 kg，较对照丰强 7 号平均增产 16.52%。

【栽培要点】3 月末至 4 月初播种，一般公顷保苗 500 万～550 万株。每公顷施磷酸二铵 150 kg（或成分含量等同的复合肥）和尿素 50 kg 作种肥，可根据苗期长相情况进行追肥。生育后期要防治黏虫，成熟时及时收获。

【适宜区域】吉林省中、西部的洼地、二洼地及沿江河低洼易涝地和内蒙古自治区东部地区。

【选育人员】何中国、刘红欣、李玉发、王佰众、栾天浩、梁军、张小军、檀辉、窦忠玉、赵伟、徐晨。

吉春 22（Jichun No. 22）

【品种来源】以龙麦 26 为母本，以小冰麦 32 为父本杂交，于 2001 年选育而成。2005 年，经吉林省农作物品种审定委员会审定推广，审定编号为吉审麦 2005001。

【特征特性】幼苗直立，叶片深绿色。分蘖力中等，株高 98.7～101.9 cm，成熟期穗层整齐。穗长 11～12 cm，穗纺锤形，红壳，红粒角质粒，有芒，籽粒呈椭圆形，每穗 36～40 粒，千粒重 40.5～41.5 g，容重 788～798.71 g/L。春性，出苗至成熟 85 d 左右，茎秆强韧性好，抗倒伏性强，成穗整齐，茎秆落黄好。高抗秆锈病，抗叶锈病、散黑穗病，中抗根腐病、赤霉病、白粉病。籽粒含粗蛋白 16.90%，降落值 347 s，湿面筋 34.0%，沉淀值 61.5 mL，吸水量 64.3 mL/100g，面团形成时间 30.0 min，稳定时间 20.5 min，粉质质量指数 399 mm，评价值 100，延伸性 148 mm。

【产量表现】2003—2004 年，吉林省区域试验平均产量为 4 750.00 kg/hm^2，较对照品种丰强 7 号（4 477.67 kg/hm^2）平均增产 6.08%。2012 年，吉林省生产试验平均产量为 3 542.70 kg/hm^2，较对照品种丰强 7 号（3 090.96 kg/hm^2）平均增产 14.62%。

【栽培要点】3 月末至 4 月初播种，一般公顷保苗 500 万～550 万株。每公顷施磷酸二铵 150 kg（或成分含量等同的复合肥）和尿素 50 kg 作种肥，可根据苗期长相情况进行追肥。

【适宜区域】吉林省中、西部的洼地及沿江河低洼易涝地和内蒙古自治区东部地区。

【选育人员】何中国、曲祥春、李玉发、姜昱、窦忠玉、栾天浩、刘宏欣。

吉啤3号（Jipi No. 3）

【品种来源】 2002年，从乌克兰引进大麦品种资源材料（代号02DM-2）。2003年，进行田间系统选育，经过3年的田间选择和鉴定，于2005年育成。2008年，经吉林省农作物品种审定委员会审定推广，审定编号为吉登大麦2008001。

【特征特性】 籽粒短圆，颖壳浅黄色，皮薄，大小一致。千粒重45 g左右；芽鞘绿色，幼苗直立，苗期叶浓绿色，叶片宽，株型紧凑，株高90～95 cm；六棱形大麦。长方形穗、长芒无锯齿，穗长6 cm左右，小穗着生密度适中，每穗粒数38～43粒；千粒重42.6 g，水分9.13%，发芽力87.2%，发芽率97.6%。籽粒含粗蛋白15.6%，浸出率73%。水敏感性1%，极轻微水敏感性。经田间自然发病情况调查，未发生任何病虫害。中早熟品种，出苗至成熟80～82 d，需≥10 ℃活动积温1 600 ℃左右。

【产量表现】 2006—2007年，吉林省农业科学院产量比较试验平均公顷产量3 591.5 kg；2006—2007年，吉林省农业科学院生产示范平均公顷产量为3 837.9 kg。

【栽培要点】 3月下旬至4月初播种，每公顷保苗550万～600万株。每公顷施磷酸二铵150 kg（或成分含量相当的麦类专用复合肥），混拌尿素50 kg，结合播种一次施入。

【适宜区域】 吉林省中、西部及内蒙古自治区的兴安盟和呼伦贝尔。

【选育人员】 何中国、李玉发、栾天浩、曲祥春、郭中校、张小军、檀辉、侯云鹏。

吉燕 1 号（Jiyan No. 1）

【品种来源】1998 年，从引自内蒙古自治区的降脂 2 号中选择变异株，后经系谱法和南繁加代选育而成。2006 年，经吉林省农作物品种审定委员会审定推广，审定编号为吉审麦 2006001。

【特征特性】幼苗直立，深绿色，分蘖力强，株高 110 cm。籽粒纺锤形，淡褐色，千粒重 29.6 g，容重 712.5 g/L。穗长 21.8 cm，侧散穗，小穗串铃形，颖壳淡黄色，主穗小穗数 27 个，主穗粒数 43 个，主穗粒重 1.19 g。出苗至成熟 85 d 左右。根系发达，抗旱性强，抗病性强，多年田间调查未见任何病害。吉林省农业科学院畜牧科学分院动物营养研究所分析室测定结果：该品种籽粒含粗蛋白 20.29%、干物质 90.59%、粗脂肪 5.58%、粗纤维 1.98%、粗灰分 2.79%、无氮浸出物 59.95%；燕麦秆的含粗蛋白 6.96%、干物质 94.45%、粗脂肪 1.44%、粗纤维 35.84%、粗灰分 12.81%、无氮浸出物 37.4%。

【产量表现】2004—2005 年，吉林省产量比较试验平均公顷产量为2 112.1 kg；2005 年，吉林省生产试验平均公顷产量为 2 362.5 kg。

【栽培要点】播种期在 3 月下旬至 4 月初，公顷保苗 400 万～450 万株。公顷施种肥磷酸二铵 100 kg 和尿素 50 kg，及时防除杂草，适时收获，也可在麦茬后种植用于青贮。

【适宜区域】吉林省中、西部及类似生态区。

【选育人员】何中国、曲祥春、郭中校、李玉发、栾天浩、张小军、窦忠玉、檀辉。

吉燕2号（Jiyan No. 2）

【品种来源】1998年，从乌克兰引进的燕麦“克列谢特”整理选育而成。2006年，经吉林省农作物品种审定委员会审定推广，审定编号为吉审麦2006002。

【特征特性】幼苗直立，深绿色，分蘖力强，株高90 cm左右。籽粒纺锤形，淡黄色，千粒重28.1 g，容重389.5 g/L。穗长19.6 cm，侧散穗，小穗串铃形，颖壳黄色，主穗小穗数36个，主穗粒数62个，主穗粒重1.18 g。出苗至成熟82 d左右。根系发达，抗旱性强，抗病性强，多年田间调查未见任何病害。吉林省农业科学院畜牧科学分院动物营养研究所分析室于2005年测定结果：该品种籽粒含粗蛋白13.57%、干物质91.74%、粗脂肪3.49%、粗纤维13.48%、粗灰分3.52%、无氮浸出物57.68%；燕麦秆含粗蛋白8.74%、干物质94.13%、粗脂肪1.21%、粗纤维35.86%、粗灰分10.85%、无氮浸出物37.47%。

【产量表现】2004—2005年，吉林省产量比较试验平均公顷产量为2 031.7 kg；2005年，吉林省生产试验平均公顷产量为2 190.7 kg。

【栽培要点】播种期在3月下旬至4月初，公顷保苗450万株左右。公顷施种肥磷酸二铵100 kg、尿素50 kg，及时防除杂草，适时收获，也可在麦茬后种植用于青贮。

【适宜区域】吉林省中、西部及类似生态区。

【选育人员】曲祥春、何中国、郭中校、李玉发、栾天浩、张小军、窦忠玉、檀辉。

吉燕 3 号（Jiyan No. 3）

【品种来源】以从加拿大引进的混杂燕麦资源为基础材料，经集团混合法和系统选育相结合，于 2001 年育成。2010 年，经吉林省农作物品种审定委员会审定推广，审定编号为吉登燕麦 2010002。

【特征特性】种皮黄色，粒长椭圆形，表皮光滑，无茸毛，千粒重 24.1 g，容重 661.59 g/L。幼苗直立，深绿色，分蘖力中等，株高 85 cm 左右，秆抗倒伏性强。穗长 20.2 cm，直立穗，小穗串铃形，颖壳黄色，主穗小穗数 17 个，主穗粒数 106 个，主穗粒重 2.27 g。籽粒含粗蛋白 21.3%、干物质 89.78%、粗脂肪 6.00%、粗纤维 2.14%、粗灰分 2.19%、无氮浸出物 58.15%。燕麦秆含粗蛋白 7.08%、干物质 89.74%、粗脂肪 1.68%、粗纤维 39.94%、粗灰分 8.72%、无氮浸出物 32.32%。经吉林省农业科学院植保研究所两年田间调查，未见任何病害发生。早熟品种，出苗至成熟 78～80 d。

【产量表现】2008 年，吉林省生产试验，吉燕 3 号籽实产量为 1 233.34 kg/hm^2，比对照白燕 8 号 1 133.34 kg/hm^2 增产 8.82%；2009 年，吉林省生产试验，吉燕 3 号籽实产量为 1 283.34 kg/hm^2，比对照白燕 8 号（1 175.00 kg/hm^2）增产 9.22%。

【栽培要点】一般 3 月末至 4 月初播种，选择中等肥力以上平洼地块种植。每公顷保苗 600 万～650 万株；施足农家肥，种肥一般施用磷酸二铵 150 kg/hm^2、硫酸钾 100 kg/hm^2、尿素 50 kg/hm^2。根据苗期长相情况进行追肥；出全苗后要及时铏草松土。根据墒情和麦苗长势浇好三叶水、五叶水、七叶水；成熟后及时收获脱粒，也可在麦茬后复种用于青贮或晒制干草。

【适宜区域】吉林省中、西部地区及类似双季作生态区。

【选育人员】何中国、李玉发、刘洪欣、栾天浩、王佰众、曲祥春、郭中校、檀辉、张小军、韩丹、谢利、赵德。

吉燕 4 号（Jiyan No. 4）

【品种来源】以从加拿大引进的混杂燕麦资源为基础材料，经集团混合法和系统选育相结合，于 2002 年育成。2010 年，经吉林省农作物品种审定委员会审定推广，审定编号为吉登燕麦 2010003。

【特征特性】种皮黄白色，粒椭圆形，有少量茸毛，千粒重 25.8 g，容重 618.32 g/L。幼苗直立，深绿色，分蘖力强，株高 90 cm 左右，秆强抗倒伏性强。穗长 19.2 cm，小穗串铃形，颖壳淡黄色，主穗小穗数 15 个，主穗粒数 64 个，主穗粒重 1.68 g。籽粒含粗蛋白 21.50%、干物质 89.64%、粗脂肪 5.15%、粗纤维 2.64%、粗灰分 2.40%、无氮浸出物 57.95%。燕麦秆含粗蛋白 7.04%、干物质 90.47%、粗脂肪 2.04%、粗纤维 37.58%、粗灰分 8.10%、无氮浸出物 35.71%。经吉林省农业科学院植保研究所两年田间调查，未见任何病害发生。早熟品种，出苗至成熟 80～81 d。

【产量表现】2008 年，吉林省生产试验，吉燕 4 号籽实产量为 1 283.34 kg/hm^2，比对照白燕 8 号（1 133.34 kg/hm^2）增产 13.24%；2009 年，吉林省生产试验，吉燕 4 号籽实产量为 1 316.67 kg/hm^2，比对照白燕 8 号（1 175.00 kg/hm^2）增产 12.06%。

【栽培要点】一般 3 月末至 4 月初播种，选择中等肥力以上平洼地块种植。每公顷保苗 600 万～650 万株；施足农家肥，种肥一般施用磷酸二铵150 kg/hm^2、硫酸钾 100 kg/hm^2、尿素 50 kg/hm^2。根据苗期长相情况进行追肥；出全苗后要及时锄草松土。根据墒情和麦苗长势浇好三叶水、五叶水、七叶水；成熟后及时收获脱粒，也可在麦茬后复种用于青贮或晒制干草。

【适宜区域】吉林省中、西部地区及类似双季作生态区。

【选育人员】何中国、刘洪欣、李玉发、王佰众、栾天浩、郭中校、曲祥春、张小军、檀辉、谢利、韩丹、赵德。

图书在版编目（CIP）数据

吉林省农业科学院作物资源研究所品种志．2001—2015 / 曲祥春主编．—北京：中国农业出版社，2020.3

ISBN 978-7-109-26496-0

Ⅰ.①吉…　Ⅱ.①曲…　Ⅲ.①作物—品种—介绍—吉林—2001—2015　Ⅳ.①S329.234

中国版本图书馆 CIP 数据核字（2020）第 017485 号

中国农业出版社出版

地址：北京市朝阳区麦子店街 18 号楼

邮编：100125

责任编辑：廖　宁　胡烨芳

责任校对：吴丽婷

印刷：中农印务有限公司

版次：2020 年 3 月第 1 版

印次：2020 年 3 月北京第 1 次印刷

发行：新华书店北京发行所

开本：700mm×1000mm　1/16

印张：7

字数：180 千字

定价：88.00 元